ÉLÉMENTS

DE

TRIGONOMÉTRIE

RECTILIGNE

AVEC DE NOMBREUX EXERCICES

Par F. J.-O. P.

CHEZ LES ÉDITEURS

TOURS	PARIS
ALFRED MAME & FILS	POUSSIELGUE FRÈRES
Imprimeurs-Libraires	Rue Cassette, 27

ÉLÉMENTS

DE

TRIGONOMÉTRIE

RECTILIGNE

Tout exemplaire qui ne sera pas revêtu des trois signatures
ci-dessous sera réputé contrefait.

Les Éditeurs,

ÉLÉMENTS

DE

TRIGONOMÉTRIE

RECTILIGNE

AVEC DE NOMBREUX EXERCICES

Par F. J. O. P.

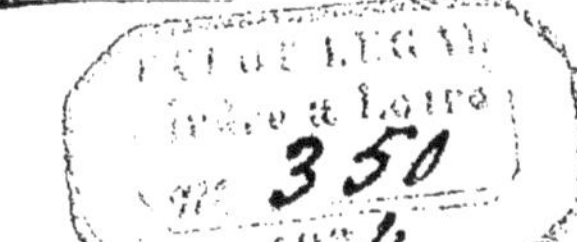

CHEZ LES ÉDITEURS

<table>
<tr><td>TOURS</td><td>PARIS</td></tr>
<tr><td>ALFRED MAME & FILS</td><td>POUSSIELGUE FRÈRES</td></tr>
<tr><td>Imprimeurs-Libraires</td><td>Rue Cassette, 27</td></tr>
</table>

1875

TABLE DES MATIÈRES

CHAPITRE IV

RÉSOLUTION DES TRIANGLES

CHAPITRE V

APPLICATIONS DE LA TRIGONOMÉTRIE A QUELQUES QUESTIONS D'ARPENTAGE ET DE GÉOMÉTRIE

CHAPITRE VI

EXERCICES ET PROBLÈMES

PROBLÈMES DE RÉCAPITULATION ET APPLICATIONS DIVERSES

APPENDICE

RÉSOLUTION DES ÉQUATIONS, ETC.

AVERTISSEMENT

Ces *Éléments de Trigonométrie* sont conformes aux indications du programme de l'Enseignement secondaire spécial; ils contiennent cependant toutes les connaissances exigées pour le baccalauréat ès sciences et pour les concours d'admission à toutes les écoles du gouvernement. Certains détails peuvent être omis dans un cours très-élémentaire destiné à initier aux premières notions de la Trigonométrie; tels sont : les discussions et les diverses applications qui supposent la connaissance des équations du second degré.

Quelques théories, ne répondant qu'à des exigences spéciales, ont été placées en Appendice. Les élèves assez avancés pourront les consulter avec fruit : ils y trouveront les solutions de plusieurs questions importantes.

Indépendamment des applications développées dans le texte, de nombreux exercices gradués ont été placés à la fin du Traité pour servir de complément aux divers chapitres, et pour familiariser les élèves avec les formules et les calculs de la Trigonométrie. Ces exercices sont suivis d'un recueil de problèmes donnés pour la plupart dans différents examens. Dans les cours où l'on n'a en vue que l'étude de la Trigonométrie, on pourra résoudre ces problèmes avec les tables de logarithmes à 5 décimales, qui permettent d'opérer plus rapidement; mais si l'on se propose la préparation aux examens, les calculs devront être faits avec les tables à 7 décimales : car malgré les instructions ministérielles, qui autorisent les autres tables aux examens du baccalauréat ès sciences, l'usage continue à prévaloir presque généralement de n'admettre que les tables à 7 décimales. D'ailleurs, ces tables sont formellement prescrites dans les concours d'admission à toutes les écoles du gouvernement, et les données des problèmes les imposent rigoureusement. Les candidats doivent donc s'exercer à calculer avec ces tables (*Voir n° 41*).

ÉLÉMENTS

DE

TRIGONOMÉTRIE

RECTILIGNE

CHAPITRE I

DES LIGNES TRIGONOMÉTRIQUES

§ I. — Notions préliminaires.

1. La *Trigonométrie* est la partie des mathématiques qui a pour objet spécial de déterminer, à l'aide du *calcul*, les différentes parties d'un triangle.

Il y a six éléments à considérer dans un triangle, trois côtés et trois angles. Lorsque trois de ces parties sont connues, on peut toujours déterminer les trois autres, pourvu que, parmi les éléments connus, il y ait au moins un côté.

Résoudre un triangle c'est déterminer la valeur numérique des éléments inconnus lorsqu'on a des données suffisantes.

La Géométrie apprend à résoudre *graphiquement* les triangles déterminés; mais à cause des erreurs inséparables de toute opération matérielle, les résultats sont toujours peu exacts et l'on ne peut connaître l'approximation obtenue; tandis que le calcul permet d'opérer avec une précision rigoureuse et d'indiquer le degré d'approximation sur lequel on peut compter.

Pour éviter d'introduire dans le calcul des quantités complexes, on remplace les arcs servant de mesure aux angles par certains

1

rapports qui varient en même temps que les angles, et auxquels on donne le nom de *rapports trigonométriques* ou *fonctions circulaires*. On peut dire que la Trigonométrie *a pour objet l'étude des fonctions circulaires*.

2. Les rapports trigonométriques sont au nombre de six, savoir : le *sinus*, la *tangente*, la *sécante*, le *cosinus*, la *cotangente* et la *cosécante*. (On écrit, pour abréger : *sin., tg., séc., cos., cot., coséc.*)

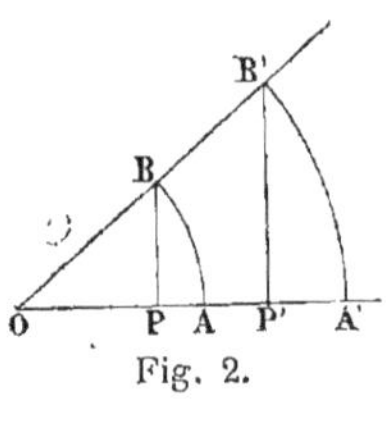

Pour en donner une première idée, prenons un angle AOB, décrivons de son sommet, avec un rayon arbitraire, l'arc AB; puis abaissons d'une des extrémités B une perpendiculaire sur le rayon OA. Le rapport $\dfrac{BP}{OA}$ est ce qu'on appelle le *sinus* de l'arc AB ou de l'angle AOB. Au point A, élevons une perpendiculaire AT, et prolongeons OB jusqu'à sa rencontre avec cette perpendiculaire. Le rapport $\dfrac{AT}{OA}$ s'appelle la *tangente* de l'arc AB ou de l'angle AOB, et le rapport $\dfrac{OT}{OA}$ s'appelle la *sécante*.

On appelle *cosinus, cotangente* et *cosécante* d'un arc, le sinus, la tangente et la sécante du complément de cet arc; ces fonctions sont désignées sous le nom de *fonctions complémentaires*.

3. L'angle AOB (fig. 1) étant connu, les rapports $\dfrac{BP}{OA}, \dfrac{AT}{OA}, \dfrac{OT}{OA}$ demeurent invariables, quel que soit le rayon.

Par exemple, si du sommet de l'angle O (fig. 2), on décrit différents arcs AB, A'B'..., les triangles semblables POB, P'OB'..., donnent évidemment $\dfrac{BP}{OB} = \dfrac{B'P'}{OB'}$ ou $\dfrac{BP}{OA} = \dfrac{B'P'}{OA'}$ $= sin.$ AOB. On démontrerait de même que les autres fonctions trigonométriques de l'angle AOB restent constantes quand le rayon varie.

On peut donc prendre pour unité le rayon d'un cercle quelconque, et compter sur la circonférence les arcs qui servent de mesure aux angles. Ce cercle de rayon 1 s'appelle *cercle trigo-*

nométrique: il a pour circonférence 2π, et les arcs de 90°, 180°, 270° ont respectivement pour valeur $\dfrac{\pi}{2}$, π et $\dfrac{3\pi}{2}$. Dans cette hypothèse, les rapports que nous venons de considérer se réduisent au seul numérateur; on peut dès lors les appeler simplement *lignes trigonométriques*, et les définir de la manière suivante :

4. On appelle SINUS d'un arc la perpendiculaire MP abaissée de l'une des extrémités de cet arc sur le rayon qui passe par l'autre extrémité.

On appelle TANGENTE la partie AT de la tangente géométrique menée à l'une des extrémités de cet arc, et limitée par le rayon prolongé passant par l'autre extrémité.

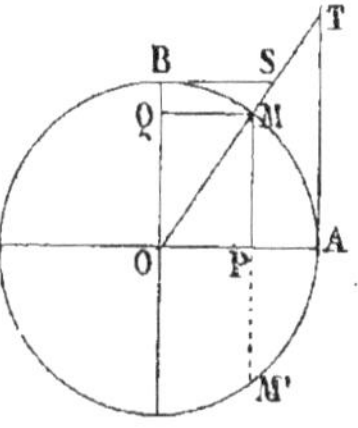

Fig. 3.

On appelle SÉCANTE le rayon prolongé OT compris entre le centre et la tangente.

L'arc MB étant complémentaire de l'arc AM, le *sinus* MQ de cet arc s'appelle COSINUS de l'arc AM; BS en est la COTANGENTE et OS la COSÉCANTE.

Remarques. I. Le sinus MP d'un arc AM est la moitié de la corde qui sous-tend un arc double MAM'.

II. A cause des parallèles MP et OB, on a MQ = OP; on peut donc définir le *cosinus :* la partie du rayon comprise entre le centre et le pied du sinus.

5. On pourrait aussi rapporter les définitions des lignes trigonométriques à celles du sinus et du cosinus. Si l'on désigne par a l'arc AM, on a (fig. 3) :

$$sin\ a = MP, \quad cos\ a = OP;$$

$$tg\ a = \frac{AT}{OA} = \frac{MP}{OP} = \frac{sin\ a}{cos\ a};$$

$$cot\ a = \frac{BS}{OB} = \frac{MQ}{OQ} = \frac{cos\ a}{sin\ a}; \text{ et par suite, } cot\ a = \frac{1}{tg\ a};$$

$$séc\ a = \frac{OT}{OA} = \frac{OM}{OP} = \frac{1}{cos\ a};$$

$$coséc\ a = \frac{OS}{OB} = \frac{OM}{OQ} = \frac{1}{sin\ a};$$

Donc, la *tangente* est le *rapport du sinus au cosinus*, et la *cotangente*, *l'inverse de ce rapport ;* la *sécante est l'inverse du cosinus*, et la *cosécante*, *l'inverse du sinus*.

Le produit de deux nombres inverses étant l'unité, il en est de même du produit des six lignes trigonométriques.

§ II. — Variations des lignes trigonométriques.

6. Pour donner aux théories de la Trigonométrie toute la généralité qu'elles comportent, on considère des arcs et des angles de toute grandeur, positifs et négatifs. A cet effet, on prend sur

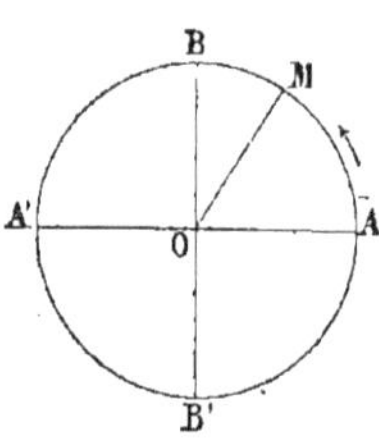

Fig. 4.

le cercle trigonométrique un point fixe arbitraire A (fig. 4) appelé *origine* des arcs, et l'on mène les diamètres rectangulaires AA', BB'. On suppose ensuite qu'un point mobile M part du point A et se meut sur la circonférence, dans le sens ABA' ; l'arc qu'il décrit varie d'une manière continue. Il est nul quand le point mobile est en A ; mais il croît d'abord de 0 à $\frac{\pi}{2}$, quand le point M parcourt le premier quadrant AB ; puis de $\frac{\pi}{2}$ à π quand le point M décrit le deuxième quadrant BA' ; ensuite de π à $\frac{3\pi}{2}$ quand il parcourt le troisième quadrant, et enfin de $\frac{3\pi}{2}$ à 2π quand il parcourt le quatrième quadrant pour revenir au point de départ. On peut concevoir que le point mobile fait un second tour, puis un troisième, et ainsi de suite ; le chemin qu'il parcourt croît alors indéfiniment.

Si le point décrivant M, au lieu de se mouvoir dans le sens ABA', comme nous l'avons supposé, se meut dans le sens contraire AB'A'..., on convient d'indiquer ce changement de sens par un changement de signe, et l'on regarde l'arc parcouru comme négatif ; cet arc peut ainsi décroître indéfiniment, car une quantité négative décroît à mesure qu'elle augmente en valeur absolue.

L'arc est donc une grandeur variable susceptible de prendre toutes les valeurs depuis $-\infty$ jusqu'à $+\infty$.

Pareillement, le point M parcourant la circonférence, le rayon OM tourne autour du point O et engendre un angle variable AOM ; cet angle, ayant pour mesure l'arc AM, passe aussi par tous les états de grandeur : il peut surpasser deux droits, quatre droits ; en un mot, croître jusqu'à l'infini positif ou décroître jusqu'à l'infini négatif.

7. Désignons par a un arc quelconque AM (fig. 4). Lorsque le mobile revient en M après avoir parcouru une, deux, trois, etc., circonférences dans le sens positif ou dans le sens négatif, les arcs parcourus sont, dans le premier cas : $2\pi+a$, $4\pi+a$, $6\pi+a$, etc., et dans le deuxième cas : $-2\pi+a$, $-4\pi+a$, $-6\pi+a$, etc. Donc, en général, les *arcs qui ont leur extrémité en* M *sont donnés par la formule :* $2\mathrm{K}\pi+a$, dans laquelle K désigne un nombre entier quelconque, positif ou négatif.

8. On appelle *arcs complémentaires* ceux dont la somme *algébrique* est égale à $\frac{\pi}{2}$. Si donc l'un des arcs est supérieur à 90°, son complément est négatif.

De même, on appelle *arcs supplémentaires* ceux dont la somme *algébrique* est égale à π.

Si deux arcs supplémentaires ont une même origine A (fig. 5), leurs extrémités sont sur une parallèle au diamètre AA'. Tels sont les arcs AM et AM', ce dernier ayant pour supplément A'M' = AM.

En désignant par a l'arc AM, son supplément s'écrira $\pi-a$ et son complément $\frac{\pi}{2}-a$.

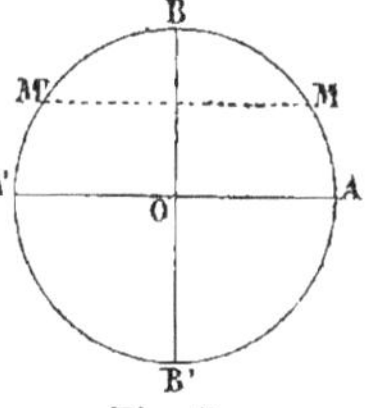

Fig. 5.

9. On est convenu de regarder les lignes trigonométriques comme positives lorsqu'elles ont le même sens que dans le premier quadrant AB du cercle trigonométrique, et comme négatives, quand elles ont un sens contraire.

Ainsi les sinus et les tangentes sont positifs au-dessus du diamètre AA' (fig. 6), et négatifs au-dessous. Les cosinus et les cotangentes sont positifs à droite du diamètre BB', et négatifs à gauche. Enfin les sécantes et les cosécantes sont positives quand l'extrémité de l'arc est comprise entre le centre et la tangente, et négatives dans le cas contraire. Les sécantes et les cosécantes positives passent par l'extrémité de l'arc, tandis que celles qui sont négatives n'y passent pas.

10. Variations du sinus et du cosinus.

1° **Sinus.** Le point M étant à l'origine, l'arc est nul, et le sinus égale zéro; si le point M s'avance de A en B (fig. 6) sur la cir-

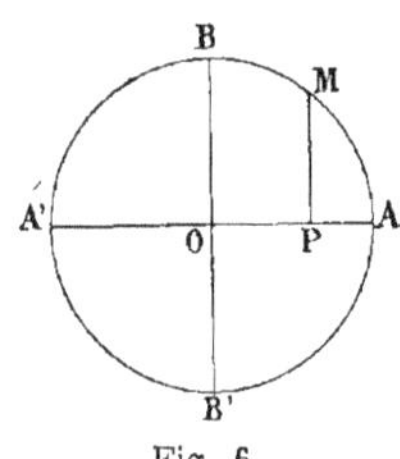

Fig. 6.

conférence, l'arc croît de 0 à $\frac{\pi}{2}$ et le sinus prend toutes les valeurs comprises entre 0 et 1. Si le point M continue à se mouvoir de B en A', l'arc croît de $\frac{\pi}{2}$ à π, et le sinus décroît de 1 à 0. Si le point M dépasse A', le sinus devient négatif, et l'arc croissant de π à $\frac{3\pi}{2}$, le sinus décroît de 0 à —1. Si l'arc croît de $\frac{3\pi}{2}$ à 2π, le sinus reste négatif et croît de —1 à 0.

Si l'on fait ensuite croître l'arc indéfiniment au delà d'une circonférence, le point M revient aux mêmes positions, et le sinus reprend périodiquement toutes les mêmes valeurs.

On retrouverait également les mêmes valeurs, mais dans un ordre inverse, si le point décrivant M parcourait la circonférence dans le sens négatif AB'A'.

En résumé, le sinus peut prendre toutes les valeurs comprises entre —1 et +1 en passant par zéro; il atteint son maximum quand l'extrémité de l'arc est en B, et son minimum quand l'arc se termine en B'. Tous les arcs dont l'extrémité est sur le premier ou sur le deuxième quadrant ont leur sinus positif, tandis que ceux qui se terminent dans le troisième ou le quatrième quadrant ont leur sinus négatif.

En désignant par a l'arc AM, on a $sin\, a =$ MP. Tous les arcs dont l'extrémité est en M ont également MP pour sinus. Donc (n° 6),

$$sin\, a = sin\, (2\mathrm{K}\pi + a).$$

2° **Cosinus.** Le point M étant à l'origine, l'arc est nul et le cosinus égale 1. Si le point M décrit l'arc AB, c'est-à-dire si l'arc croît de 0 à $\frac{\pi}{2}$, le point P se rapproche du centre et parcourt AO, par conséquent le cosinus décroît de 1 à 0. De même si l'arc croît de $\frac{\pi}{2}$ à π, le cosinus devient négatif et décroît de 0 à —1.

L'arc croissant de π à $\frac{3\pi}{2}$, le cosinus croît de —1 à 0; et si l'arc croît de $\frac{3\pi}{2}$ à 2π, le cosinus devient positif et croît de 0 à 1.

Quand l'arc croît indéfiniment au delà d'une circonférence, le cosinus reprend les mêmes valeurs et dans le même ordre.

Le cosinus varie donc entre —1 et +1 en passant par zéro; il est positif pour tout arc terminé dans le premier ou dans le quatrième quadrant, et négatif pour les arcs terminés dans les deux autres.

On a, comme pour le sinus, $\cos a = \cos(2K\pi + a)$.

Ainsi, le sinus et le cosinus subissent les mêmes variations de grandeur et de signe; l'ordre seul est différent : ce résultat devait être prévu, puisque le cosinus d'un arc est le sinus de l'arc complémentaire.

11. Variations de la tangente et de la cotangente.

1° **Tangente.** Lorsque l'arc est nul, la tangente égale zéro.

L'arc croissant depuis 0 jusqu'à $\frac{\pi}{2}$, la tangente croît indéfiniment. Lorsque le point M est en B, la sécante et la tangente étant parallèles, la tangente est infinie; ainsi, de 0 à $\frac{\pi}{2}$ la tangente croît de 0 à $+\infty$. Si le point M dépasse le point B, la tangente conserve une valeur absolue très-grande et devient subitement négative; c'est ce qu'on exprime en disant que, lors-

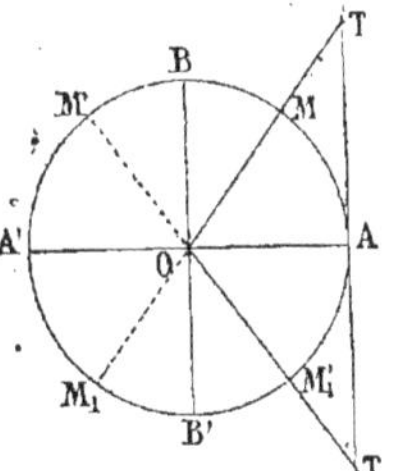

Fig. 7.

que l'arc dépasse $\frac{\pi}{2}$, la tangente passe brusquement de $+\infty$ à $-\infty$.

L'arc croissant de $\frac{\pi}{2}$ à π, la tangente croît de $-\infty$ à 0. Ainsi quand l'arc varie de 0 à π, la tangente prend toutes les valeurs depuis $-\infty$ jusqu'à $+\infty$, y compris 0.

Si l'arc continue à croître, la tangente reprend les mêmes valeurs et dans le même ordre. Elle est positive pour les arcs terminés dans le premier et dans le troisième quadrant, négative pour les arcs qui se terminent dans les deux autres.

En désignant l'arc AM par a, on a $tg\,a = \mathrm{AT}$. Lorsque le point décrivant passe en M ou en $\mathrm{M_1}$, après avoir parcouru une, deux, trois, etc., demi-circonférences, dans le sens positif ou dans le sens négatif, les arcs décrits ont toujours leur tangente égale à AT. Donc on a :

$$tg\,a = tg\,(\mathrm{K}\pi + a).$$

2° **Cotangente.** La cotangente d'un arc étant la tangente du complément, subit les mêmes variations de grandeur : elle est positive dans le premier et le troisième quadrant, et négative dans les deux autres.

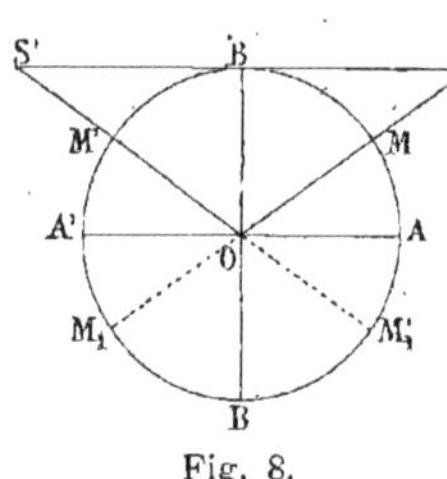

La figure 8 montre que l'arc étant nul, la cotangente est infinie. Quand l'arc croît de 0 à $\dfrac{\pi}{2}$, la cotangente décroît de $+\infty$ à 0. De $\dfrac{\pi}{2}$ à π, elle continue à décroître jusqu'à $-\infty$. Si le point décrivant dépasse A′, la cotangente devient subitement positive et reprend dans le même ordre les valeurs précédentes.

Fig. 8.

En désignant l'arc AM par a, on a comme précédemment :

$$cot\,a = cot\,(\mathrm{K}\pi + a).$$

12. Variations de la sécante et de la cosécante [1]

1° **Sécante.** Lorsque l'arc est nul, la sécante se confond avec le rayon; donc $séc\,0 = 1$. On voit sur la figure 7 que l'arc crois-

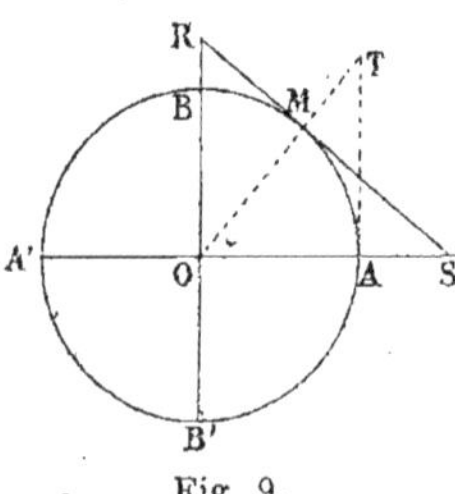

Fig. 9.

[1] Si l'on mène une tangente au point M, on a évidemment OS = OT, et l'on peut définir la sécante *la partie OS du rayon prolongé comprise entre le centre et la tangente menée par l'extrémité M de l'arc.* OR est alors la cosécante de l'arc AM. Cette nouvelle définition qui tend à prévaloir aujourd'hui, est une modification très-heureuse ; elle rend extrêmement simple l'étude des variations de la sécante et de la cosécante, et permet d'exprimer plus facilement la règle conventionnelle sur les signes des lignes trigonométriques : *toutes les longueurs comptées sur AA′ sont positives à droite du centre et négatives à gauche ; et toutes les perpendiculaires à AA′ sont positives au-dessus de ce diamètre et négatives au-dessous.*

sant de 0 à $\frac{\pi}{2}$, la sécante croît de 1 à $+\infty$. De $\frac{\pi}{2}$ à π, la sécante est négative, et elle croît de $-\infty$ à -1. Si le point décrivant dépasse A′ et vient, par exemple, en M_1, la sécante, ne passant plus par l'extrémité de l'arc, est négative; de π à $\frac{3\pi}{2}$, elle diminue depuis -1 jusqu'à $-\infty$. Enfin de $\frac{3\pi}{2}$ à 2π, elle est positive et décroît de $+\infty$ à 1. La sécante n'a aucune valeur comprise entre -1 et $+1$.

En désignant l'arc AM par a, on a :

$$\sec a = \sec(2\mathrm{K}\pi + a).$$

2° **Cosécante.** Les variations de grandeur de cette ligne sont nécessairement les mêmes que pour la sécante. La figure 8 montre que la cosécante est positive dans le premier et le deuxième quadrant, négative dans les deux autres.

Lorsque l'arc est nul, la cosécante est infinie; de 0 à $\frac{\pi}{2}$, elle décroît de $+\infty$ à 1; de $\frac{\pi}{2}$ à π, elle croît depuis 1 jusqu'à $+\infty$. Quand le point décrivant dépasse A′, elle devient subitement négative, puisqu'elle ne passe plus par l'extrémité de l'arc; de π à $\frac{3\pi}{2}$ elle croît depuis $-\infty$ jusqu'à -1, et de $\frac{3\pi}{2}$ à 2π, elle décroît de -1 à $-\infty$. On a comme pour la sécante :

$$\mathrm{cos\acute{e}c}\ a = \mathrm{cos\acute{e}c}(2\mathrm{K}\pi + a).$$

13. Le résultat de cette discussion est résumé dans le tableau suivant :

Arc a	0		$\frac{\pi}{2}$		π		$\frac{3\pi}{2}$		2π
Sin a	0	croît	1	décroît	0	décroît	-1	croît	0
Cos a	1	décroît	0	décroît	-1	croît	0	croît	1
Tang a	0	croît	$\pm\infty$	croît	0	croît	$\pm\infty$	croît	0
Cot a	∞	décroît	0	décroît	$\pm\infty$	décroît	0	décroît	∞
[illegible]	[illegible]	[illegible]	$\pm\infty$	décroît	-1	décroît	$\mp\infty$	décroît	1
[illegible]	[illegible]	croît	1	croît	$\mp\infty$	croît	-1	décroît	$-\infty$

…er d'un coup d'œil l'ensemble des variations …métriques en suivant le tracé de quelques courbes que l'on a construites en portant en *abscisses* diverses longueurs successives de l'arc a, et en *ordonnées* les valeurs correspondantes de la fonction considérée, puis en joignant les points obtenus par un trait continu. La figure 10 montre les variations du sinus pour un arc compris entre 0 et 2π. L'abscisse

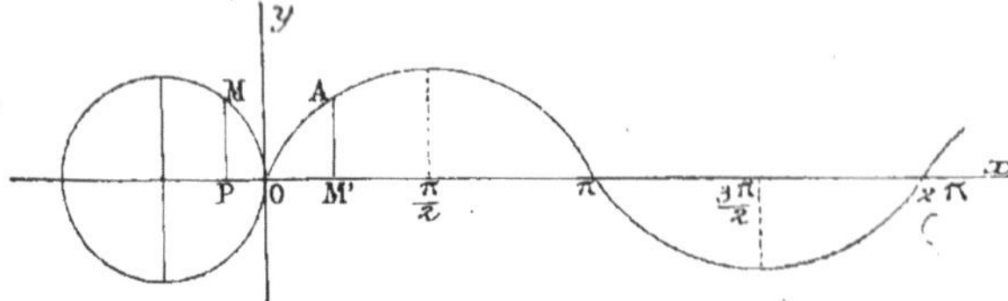

Fig. 10. — Variations du sinus.

OM′ du point A, par exemple, étant égale au *développement* de l'arc OM, l'ordonnée AM′ du même point indique la valeur de *sin* OM; AM′=MP. Les variations du cosinus sont de même représentées par la figure 11, et ainsi des autres.

Fig. 11. — Variations du cosinus.

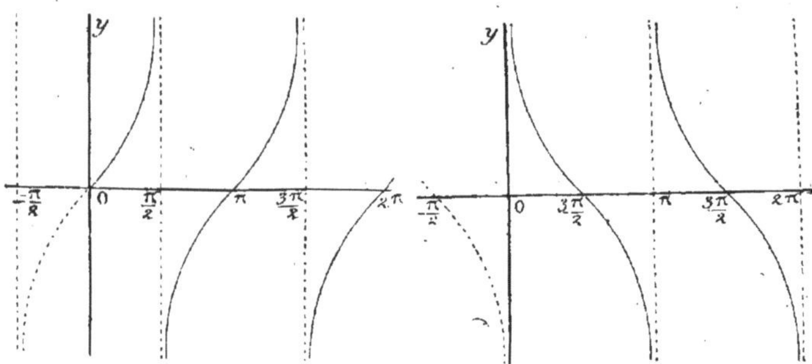

Fig. 12. Fig. 13.

Variations de la tangente et de la cotangente.

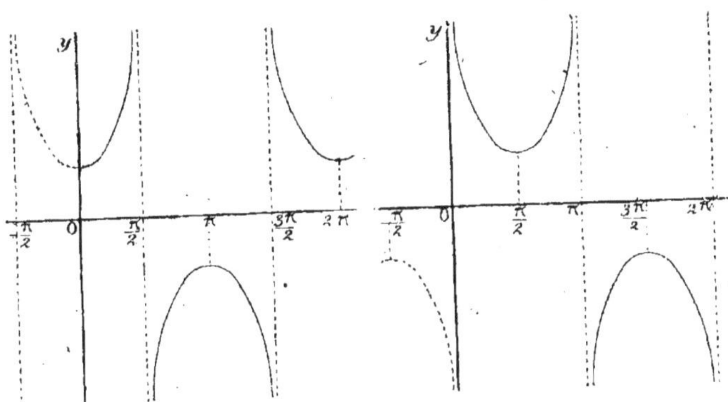

Fig. 14.   Fig. 15.

Variations de la sécante et de la cosécante.

14. Résumé. L'étude qui vient d'être faite sur les fonctions trigonométriques conduit aux remarques suivantes qu'il importe de bien retenir :

1° Le *sinus* et le *cosinus* varient de —1 à +1; la *tang.* et la *cotang.*, de —∞ à +∞; mais la *séc.* et la *coséc.* n'ont aucune valeur entre —1 et +1, tandis qu'elles admettent toutes les autres valeurs. Par conséquent, tout nombre compris entre —1 et +1 peut être regardé, soit comme un *sin.*, soit comme un *cos.*; tout nombre positif ou négatif peut être regardé comme une *tang.* ou une *cotang.*, etc.

2° Le signe d'un rapport étant aussi celui de son inverse, la *coséc.* est toujours de même signe que le *sin.*; la *cotang.*, de même signe que la *tang.*, et la *séc.*, de même signe que le *cos.* Mais les valeurs augmentent ou diminuent en sens contraire : quand le *sin.* augmente, la *coséc.* diminue, etc.

3° Quand un arc se termine dans le premier quadrant, *toutes ses lignes trigonométriques sont positives;* s'il se termine dans le deuxième quadrant, le *sin.* et la *coséc.* seuls sont positifs; dans le troisième quadrant, la *tang.* et la *cotang.* sont positives; dans le quatrième quadrant, la *séc.* et le *cos.* sont positifs. Chaque ligne trigonométrique est donc positive dans deux quadrants et négative dans les deux autres.

Ces notions sont résumées dans le tableau suivant :

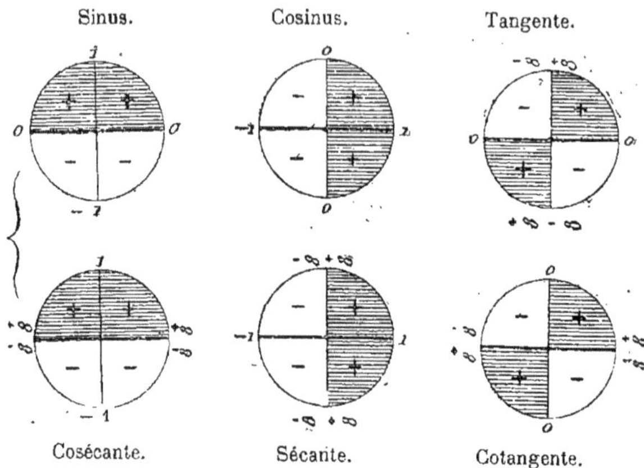

§ III. — Relations entre les lignes trigonométriques de quelques arcs.

15. 1° *Lorsqu'on ajoute ou qu'on retranche à un arc un nombre quelconque de circonférences, l'arc obtenu a les mêmes lignes trigonométriques que le premier.* Car il a les mêmes extrémités.

Donc, en désignant par a un arc quelconque, on peut écrire :

$$\sin a = \sin(2K\pi + a), \quad \cos a = \cos(2K\pi + a), \quad tg\, a = tg\,(2K\pi + a),$$
$$\operatorname{coséc} a = \operatorname{coséc}(2K\pi + a), \quad séc\, a = séc(2K\pi + a), \quad \cot a = \cot(2K\pi + a),$$

formules déjà trouvées (nᵒˢ 10, 11 et 12).

2° Deux *arcs* AM et AM' *égaux et de signes contraires*, sont symétriquement placécs par rapport au diamètre AA'; ils ont donc des lignes trigonométriques égales en valeur absolue et de signes contraires, à l'exception du cosinus OP et de la sécante OT=OT' qui ont le même signe.

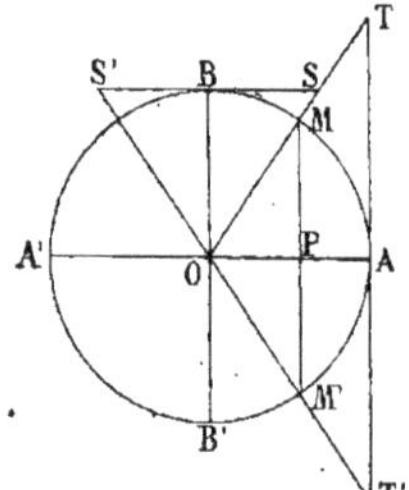

Fig. 16.

Donc, *si l'on change le signe d'un arc, les lignes trigonométriques conservent leur valeur absolue, et changent de signe à l'exception du cosinus et de la sécante.*

On peut écrire :

$$sin(-a)=-sin\,a, \quad cos(-a)=cos\,a, \quad tg(-a)=-tg\,a,$$
$$coséc(-a)=-coséc\,a, \quad séc(-a)=séc\,a, \quad cotg(-a)=-cotg\,a.$$

3° Deux *arcs* AM et AM′, *qui diffèrent d'une demi-circonférence*, ont leurs extrémités diamétralement opposées; les lignes trigonométriques de ces arcs sont égales et de signes contraires, à l'exception de la tangente AT et de la cotangente BS qui ont le même signe.

Donc, *si l'on ajoute ou si l'on retranche à un arc une demi-circonférence, les lignes trigonométriques conservent leur valeur absolue, et changent de signe à l'exception de la* tangente *et de la* cotangente.

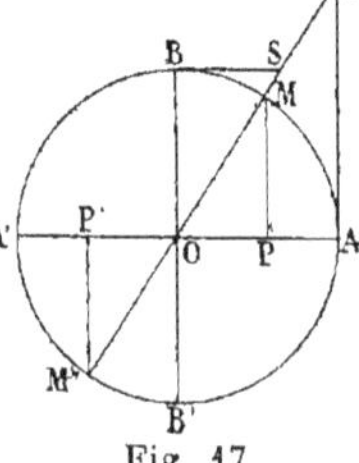

Fig. 17.

On a donc :

$$sin(\pi+a)=-sin\,a, \quad cos(\pi+a)=-cos\,a, \quad tg(\pi+a)=tg\,a,$$
$$coséc(\pi+a)=-coséc\,a, \quad séc(\pi+a)=-séc\,a, \quad cotg(\pi+a)=cotg\,a.$$

Les conséquences seraient les mêmes en ajoutant ou en retranchant à un arc un nombre impair de demi-circonférences; car cela revient à ajouter ou à retrancher un nombre entier de circonférences (n° 15, 1°), plus une demi-circonférence.

4° Lorsqu'on ajoute $\frac{\pi}{2}$ à un arc AM, l'arc obtenu AM′ est le complément du premier (n° 8). Or les triangles rectangles égaux OMP=OM′P′, OAT=OBS′ et OAT′=OBS, montrent que les lignes trigonométriques de l'arc AM sont égales en valeur absolue aux lignes complémentaires de l'arc AM′, et réciproquement; mais ces lignes sont de signes contraires, à l'exception du cosinus OP et de la sécante OS du premier arc, qui sont de même signe que le sinus M′P′ et la cosécante OT′ du deuxième arc.

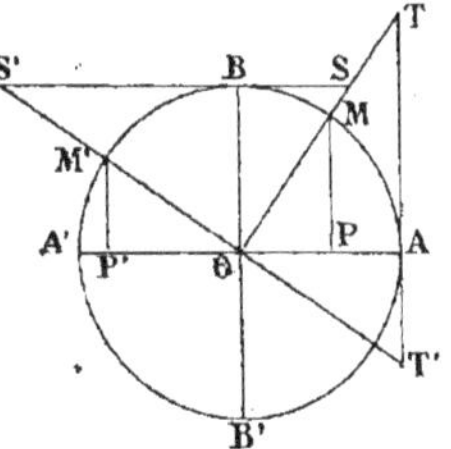

Fig. 18.

Le résultat serait le même en retranchant $\frac{\pi}{2}$ à l'arc AM.

Donc, *si l'on ajoute ou si l'on retranche* $\frac{\pi}{2}$ *à un arc, les*

lignes trigonométriques se changent en lignes complémen-
taires, et prennent des signes contraires à l'exception du
cosinus *et de la* sécante *de l'arc donné.*

On a ainsi :

$$sin\left(a\pm\frac{\pi}{2}\right)=-cos\,a, \quad cos\left(a\pm\frac{\pi}{2}\right)=sin\,a, \quad tg\left(a\pm\frac{\pi}{2}\right)=-cotg\,a,$$

$$coséc\left(a\pm\frac{\pi}{2}\right)=-séc\,a, \quad séc\left(a\pm\frac{\pi}{2}\right)=coséc\,a, \quad cotg\left(a\pm\frac{\pi}{2}\right)=-tg\,a.$$

5° Enfin deux *arcs supplémentaires* **AM** et **AM′** ayant leurs

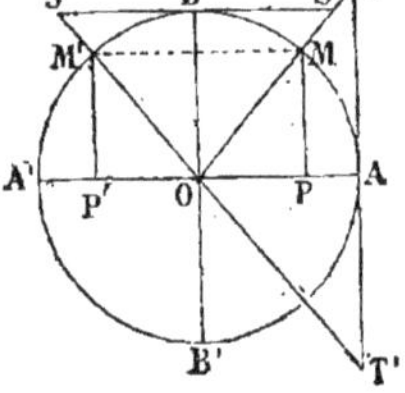

Fig. 19.

extrémités symétriques par rapport au diamètre **BB′** (n° 7), ont leurs lignes trigonométriques égales et de signes contraires, à
l'exception du sinus **M P = M′P′** et de la
cosécante **OS′** qui ont le même signe.

Donc, *si l'on remplace un arc par son*
supplément, les lignes trigonométriques
conservent leur valeur absolue, et chan-
gent de signes à l'exception du sinus *et de*
la cosécante.

On a donc :

$$sin(\pi-a)=sin\,a, \quad cos(\pi-a)=-cos\,a, \quad tg\,(\pi-a)=-tg\,a,$$

$$coséc(\pi-a)=coséc\,a, \quad séc(\pi-a)=-sin\,a, \quad cotg(\pi-a)=-cotg\,a.$$

16. Réduction d'un arc au premier quadrant. Dans le premier
quadrant, les lignes trigonométriques prennent, abstraction faite
de leurs signes, toutes les valeurs qu'elles sont susceptibles de
recevoir. Ramener un arc au premier quadrant, c'est trouver l'arc
compris entre 0 et 90°, qui a, en valeur absolue, les mêmes lignes
trigonométriques que l'arc donné.

Par exemple, l'arc de 1537° représente 4 circonférences ou
1440° plus 97°; il a donc les mêmes lignes trigonométriques que
l'arc de 97°. Cet arc ayant pour supplément l'arc de 83°, on aura
(n° 15, 5°) :

$$sin\,1537°=sin\,97°=\quad sin\,83°,$$
$$cos\,1537°=cos\,97°=-cos\,83°,$$
$$tg\,1537°=\quad tg\,97°=-\quad tg\,83°.$$

Ainsi, *pour ramener un arc au premier quadrant, on com-*
mence par retrancher 360° *autant de fois que possible;* le reste
fait connaître dans quel quadrant l'arc se termine, et permet d'af-

fecter de signes convenables ses lignes trigonométriques. *Quand ce reste est plus petit que 90°, il représente l'arc cherché ; quand il est plus grand que 90°, il faut en prendre le supplément.* Toutefois, si le reste dépassait 180°, il faudrait retrancher d'abord 180° avant de prendre le supplément.

§ IV. — Des fonctions circulaires inverses.

17. Un arc donné n'a qu'une ligne trigonométrique de chaque espèce ; mais au contraire, une ligne trigonométrique déterminée répond à une infinité d'arcs. Cherchons les formules qui donnent tous les arcs se rapportant à chaque ligne trigonométrique.

Supposons d'abord que l'on donne le *sinus* ou la *cosécante* d'un arc a.

1° Soit, par exemple, un sinus positif. Prenons sur le diamètre BB′ une longueur OH égale au sinus donné, et par le point H menons MM′ parallèle au diamètre AA′. Il est évident que tous les arcs ayant pour sinus la longueur donnée, ont leur extrémité en M ou en M′. Or si a désigne l'arc AM, tous les arcs terminés en M sont compris dans la formule $2K\pi + a$ (n° 6), K désignant un nombre entier quelconque, positif ou négatif.

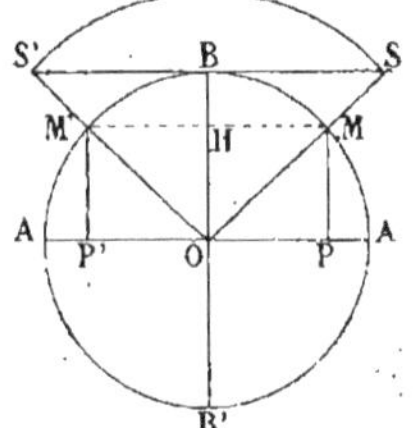

Fig. 20.

L'arc AM′ égale $\pi - a$; tous les arcs terminés en M′ sont donnés par la formule $2K\pi + \pi - a$ ou $(2K + 1)\pi - a$.

Donc, *tous les arcs ayant leur sinus égal au sinus de l'arc a, sont compris dans l'une ou l'autre des deux formules :*

$$2K\pi + a \quad \text{et} \quad (2K + 1)\pi - a.$$

2° Soit donnée, par exemple, une cosécante positive. Décrivons du centre O, avec un rayon égal à la longueur donnée, un arc du cercle qui viendra couper la tangente SS′ aux points S et S′ ; menons OS et OS′, les arcs AM et AM′ sont les plus petits arcs cherchés. Par conséquent tous les arcs ayant leur cosécante égale à cosécante a, sont compris dans les formules précédentes.

Ainsi, *les arcs qui ont un même sinus ou une même cosé-*

cante, sont ceux dont la différence est un nombre pair de demi-circonférences, ou dont la somme est un nombre impair de demi-circonférences.

18 Súpposons que l'on donne la *tangente* ou la *cotangente* de l'arc a.

Dans le premier cas, portons la longueur donnée de A en T si la tangente est positive, ou en sens contraire si elle est négative, et joignons OT.

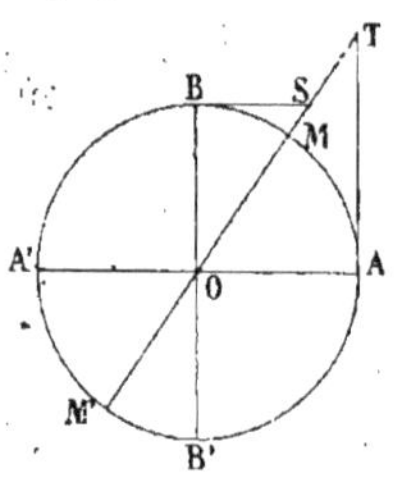

Fig. 21.

Tous les arcs terminés en M ou en M′ auront pour tangente la longueur donnée AT, et ces arcs sont compris dans la formule $K\pi + a$.

Dans le cas où l'on donne la cotangente, portons de même la longueur donnée de B en S, à droite ou à gauche du point B, selon que la cotangente est positive ou négative. Ce sont encore les arcs terminés en M et en M′ qui ont pour cotangente BS; ils sont donc également compris dans la formule $K\pi + a$.

En d'autres termes : *tous les arcs qui ont même tangente ou même cotangente, sont ceux dont la différence égale un nombre entier de demi-circonférences.*

19. Enfin, supposons que l'on donne le *cosinus* ou la *sécante* de l'arc a.

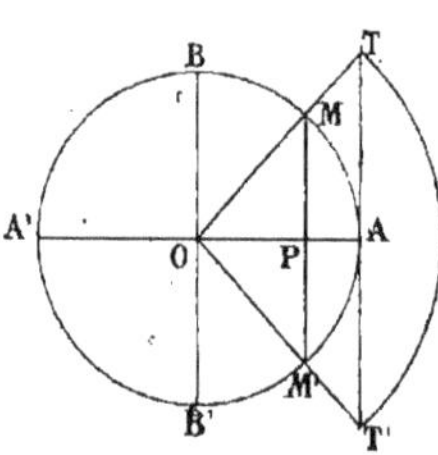

Fig. 22.

Dans le premier cas, portons la longueur donnée du cosinus en OP, par exemple, et menons MM′. Les arcs terminés en M ou en M′ répondront au même cosinus; ils sont compris dans la formule $2K\pi + a$.

Dans le deuxième cas, portons la sécante donnée OT sur la tangente, au moyen d'un arc de cercle. Les arcs positifs ou négatifs qui se terminent en M ou en M′, sont ceux qui ont pour sécante la longueur donnée; ils sont compris dans la formule précédente.

Donc, *les arcs qui ont même cosinus ou même sécante, sont ceux dont la somme ou la différence est un nombre entier de circonférences.*

$$sin(-a)=-sin\,a, \quad cos(-a)=cos\,a, \quad tg(-a)=-tg\,a,$$
$$coséc(-a)=-coséc\,a, \quad séc(-a)=séc\,a, \quad cotg(-a)=-cotg\,a.$$

3° Deux *arcs* AM et AM′, *qui diffèrent d'une demi-circonfé-rence*, ont leurs extrémités diamétralement opposées; les lignes trigonométriques de ces arcs sont égales et de signes contraires, à l'exception de la tangente AT et de la co-tangente BS qui ont le même signe.

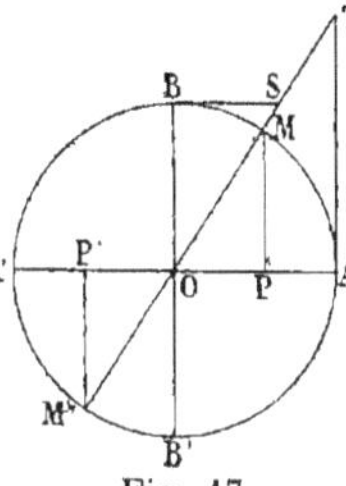

Fig. 17.

Donc, *si l'on ajoute ou si l'on retranche à un arc une demi-circonférence, les lignes trigonométriques conservent leur valeur absolue, et changent de signe à l'exception de la* tangente *et de la* cotan-gente.

On a donc :

$$sin(\pi+a)=-sin\,a, \quad cos(\pi+a)=-cos\,a, \quad tg(\pi+a)=tg\,a,$$
$$coséc(\pi+a)=-coséc\,a, \quad séc(\pi+a)=-séc\,a, \quad cotg(\pi+a)=cotg\,a.$$

Les conséquences seraient les mêmes en ajoutant ou en retran-chant à un arc un nombre impair de demi-circonférences; car cela revient à ajouter ou à retrancher un nombre entier de cir-conférences (n° 15, 1°), plus une demi-circonférence.

4° Lorsqu'on ajoute $\frac{\pi}{2}$ à un arc AM, l'arc obtenu AM′ est le complément du premier (n° 8). Or les triangles rectangles égaux OMP=OM′P′, OAT=OBS′ et OAT′=OBS, montrent que les lignes trigonométriques de l'arc AM sont égales en valeur absolue aux lignes complémentaires de l'arc AM′, et réciproquement; mais ces lignes sont de signes contraires, à l'excep-tion du cosinus OP et de la sécante OS du premier arc, qui sont de même signe que le sinus M′P′ et la cosécante OT′ du deuxième arc.

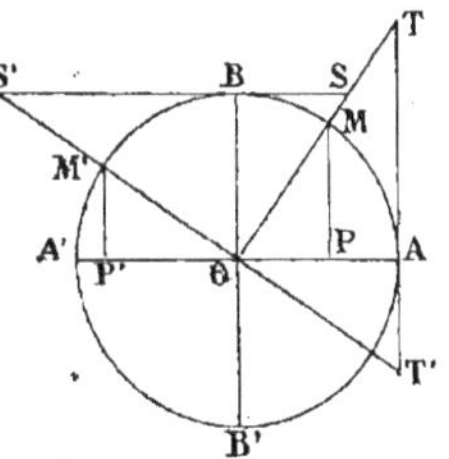

Fig. 18.

Le résultat serait le même en retranchant $\frac{\pi}{2}$ à l'arc AM.

Donc, *si l'on ajoute ou si l'on retranche* $\frac{\pi}{2}$ *à un arc, les lignes trigonométriques se changent en lignes complémentaires, et prennent des signes contraires à l'exception du cosinus et de la sécante de l'arc donné.*

On a ainsi :

$$sin\left(a\pm\frac{\pi}{2}\right)=-\cos a, \quad \cos\left(a\pm\frac{\pi}{2}\right)=\sin a, \quad tg\left(a\pm\frac{\pi}{2}\right)=-cotg\,a,$$

$$coséc\left(a\pm\frac{\pi}{2}\right)=-séc\,a, \quad séc\left(a\pm\frac{\pi}{2}\right)=coséc\,a, \quad cotg\left(a\pm\frac{\pi}{2}\right)=-tg\,a.$$

5° Enfin deux *arcs supplémentaires* **AM** et **AM′** ayant leurs extrémités symétriques par rapport au diamètre **BB′** (n° 7), ont leurs lignes trigonométriques égales et de signes contraires, à l'exception du sinus M P = M′P′ et de la cosécante OS′ qui ont le même signe.

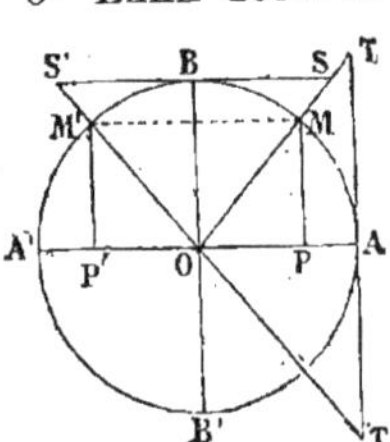

Fig. 19.

Donc, *si l'on remplace un arc par son supplément, les lignes trigonométriques conservent leur valeur absolue, et changent de signes à l'exception du sinus et de la cosécante.*

On a donc :

$$sin(\pi-a)=sin\,a, \quad \cos(\pi-a)=-\cos a, \quad tg\,(\pi-a)=-tg\,a,$$

$$coséc\,(\pi-a)=coséc\,a, \quad séc(\pi-a)=-sin\,a, \quad cotg(\pi-a)=-cotg\,a.$$

16. Réduction d'un arc au premier quadrant. Dans le premier quadrant, les lignes trigonométriques prennent, abstraction faite de leurs signes, toutes les valeurs qu'elles sont susceptibles de recevoir. Ramener un arc au premier quadrant, c'est trouver l'arc compris entre 0 et 90°, qui a, en valeur absolue, les mêmes lignes trigonométriques que l'arc donné.

Par exemple, l'arc de 1537° représente 4 circonférences ou 1440° plus 97°; il a donc les mêmes lignes trigonométriques que l'arc de 97°. Cet arc ayant pour supplément l'arc de 83°, on aura (n° 15, 5°) :

$$sin\,1537°=sin\,97°=\quad sin\,83°,$$
$$\cos\,1537°=\cos\,97°=-\cos\,83°,$$
$$tg\,1537°=\quad tg\,97°=-\quad tg\,83°.$$

Ainsi, *pour ramener un arc au premier quadrant, on commence par retrancher 360° autant de fois que possible*; le reste fait connaître dans quel quadrant l'arc se termine, et permet d'af-

CHAPITRE II

DES FORMULES TRIGONOMÉTRIQUES

---

§ I. — Formules fondamentales.

20. Il y a entre les lignes trigonométriques d'un même arc cinq relations distinctes qui fournissent à la Trigonométrie ses formules fondamentales.

Désignons par a un arc AM pris dans le premier quadrant.

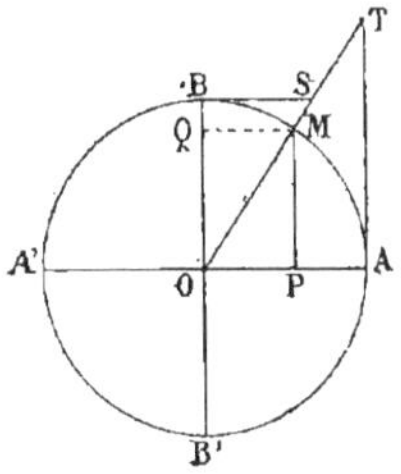

Le triangle rectangle OMP établit une relation entre le sinus, le cosinus et le rayon ; il donne, en effet :

$$\overline{MP}^2 + \overline{OP}^2 = \overline{OM}^2$$

ou
$$sin^2\, a + cos^2\, a = 1 \qquad (1)$$

Fig. 23.

De cette relation on tire : $\quad sin\, a = \pm \sqrt{1 - cos^2 a}$

et
$$cos\, a = \pm \sqrt{1 - sin^2 a}$$

Les triangles semblables OTA et OMP donnent :

$$\frac{AT}{OA} = \frac{MP}{OP} \quad ou \quad tg\, a = \frac{sin\, a}{cos\, a} \qquad (2)$$

et
$$\frac{OT}{OA} = \frac{OM}{OP} \quad ou \quad séc\, a = \frac{1}{cos\, a} \qquad (3)$$

Les triangles semblables OSB et OMQ donnent également :

$$\frac{BS}{OB} = \frac{MQ}{OQ} \quad \text{ou} \quad cot\, a = \frac{cos\, a}{sin\, a} = \frac{1}{tg\, a} \qquad (4)$$

$$\text{et} \quad \frac{OS}{OB} = \frac{OM}{OQ} \quad \text{ou} \quad coséc\, a = \frac{1}{sin\, a} \qquad (5)$$

On pourrait trouver encore d'autres relations, par exemple, le triangle rectangle OAT donne $1 + tg^2\, a = séc^2\, a$, et le triangle rectangle OBS, $1 + cot^2\, a = coséc^2\, a$; mais ces formules sont peu employées et elles rentrent dans les précédentes, car *entre les six lignes trigonométriques, il ne peut y avoir plus de cinq relations distinctes.*

En effet, s'il en était autrement, les six lignes trigonométriques seraient liées par six équations ; chacune n'aurait plus alors qu'une valeur déterminée et indépendante de l'arc auquel elle appartient, ce qui est absurde.

Discussion. Nous avons supposé l'arc **AM** dans le premier quadrant ; mais on vérifie facilement que les cinq formules fondamentales sont vraies pour un arc quelconque.

En effet, les valeurs absolues que prennent les lignes trigonométriques ne peuvent être différentes de celles d'un arc pris dans le premier quadrant (n° 16) ; il suffit donc de vérifier leurs signes.

Or, la formule (1) ne renfermant que des carrés, quantités essentiellement positives, est toujours satisfaite.

La tangente et la cotangente doivent être positives dans le premier et le troisième quadrant, et négatives dans les deux autres ; c'est ce résultat que donnent les formules (2) et (4), car le sinus et le cosinus sont de même signe dans le premier et le troisième quadrant, et de signes contraires dans les deux autres.

Enfin, les formules (3) et (5) sont également générales, puisque la sécante est toujours de même signe que le cosinus, et la cosécante de même signe que le sinus.

21. En combinant ces relations on peut obtenir directement l'une quelconque des lignes trigonométriques d'un arc par la connaissance d'une seule d'entre elles. Cherchons, par exemple, à exprimer *les lignes trigonométriques en fonction de la tangente.*

On a d'abord (4) $\qquad\qquad cotg\, a = \dfrac{1}{tg\, a}.$

La relation (2) $\qquad\qquad \dfrac{sin\, a}{cos\, a} = \dfrac{tg\, a}{1} \quad$ peut s'écrire :

$$\frac{sin^2\ a}{cos^2\ a} = \frac{tg^2\ a}{1}.$$

Si l'on ajoute chaque dénominateur à son numérateur, ou chaque numérateur à son dénominateur, on obtient :

$$\frac{sin^2\ a}{sin^2\ a + cos^2\ a} = \frac{tg^2\ a}{1 + tg^2\ a} \quad \text{ou} \quad \frac{sin^2\ a}{1} = \frac{tg^2\ a}{1 + tg^2\ a}$$

et
$$\frac{sin^2\ a + cos^2\ a}{cos^2\ a} = \frac{1 + tg^2\ a}{1} \quad \text{ou} \quad \frac{1}{cos^2\ a} = \frac{1 + tg^2\ a}{1}$$

d'où l'on tire :
$$sin\ a = \frac{tg\ a}{\pm\sqrt{1 + tg^2\ a}} \qquad (6)$$

et
$$cos\ a = \frac{1}{\pm\sqrt{1 + tg^2\ a}} \qquad (7)$$

Enfin, dans les relations : $séc\ a = \dfrac{1}{cos\ a}$ et $coséc\ a = \dfrac{1}{sin\ a}$, si l'on remplace $sin\ a$ et $cos\ a$ par leurs valeurs (6) et (7), il vient :

$$coséc\ a = \frac{\pm\sqrt{1 + tg^2 a}}{tg\ a} \quad \text{et} \quad séc\ a = \pm\sqrt{1 + tg^2 a}.$$

La valeur de $séc\ a$ pouvait encore s'obtenir directement dans le triangle rectangle OAT ; cette relation trouvée, en remplaçant $séc\ a$ par $\dfrac{1}{cos\ a}$, on aurait obtenu la formule (7), etc.

En général, *pour trouver une relation entre les lignes trigonométriques d'un même arc, il suffit d'éliminer une ligne trigonométrique entre deux des cinq relations fondamentales, ou deux lignes entre trois de ces mêmes équations.*

Remarque. La double valeur obtenue dans les formules précédentes s'explique aisément. En effet, une tangente donnée ne détermine pas un arc unique, mais elle répond à une infinité d'arcs terminés en des points diamétralement opposés. Or, à l'exception de la tangente et de la cotangente, les lignes trigonométriques de ces arcs sont égales et de signes contraires (n° 15, 3°). Par exemple, la tangente positive AT répond à tous les arcs terminés aux extrémités du diamètre MM' ; or ceux qui se terminent en M ont toutes leurs lignes trigonométriques positives, tandis

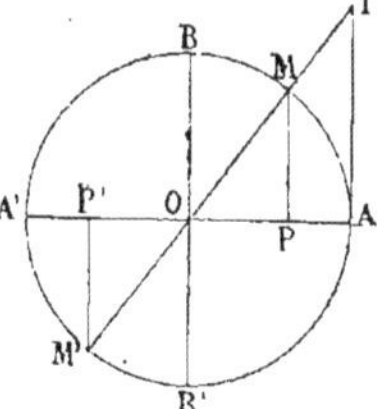

Fig. 24.

que ceux qui se terminent en M′ ont au contraire le sinus, le cosinus, la sécante et la cosécante négatifs.

L'ambiguïté disparaîtrait si l'arc a était donné.

§ II. — Des projections.

22. La *projection* d'une droite limitée AB (fig. 25) sur une droite indéfinie OX, est la distance ab des projections de ses extrémités sur cet axe. Si l'on a besoin de considérer l'angle de la droite avec l'axe, il faut avoir égard au sens dans lequel la droite est parcourue par un mobile partant d'une de ses extrémités. Afin de lever toute équivoque, on suppose menée, par le point de départ et à *droite*, une parallèle à l'axe; l'angle qu'il faut considérer est celui que forme la ligne donnée avec cette parallèle. Ainsi les angles formés avec l'axe OX (fig. 26) par les côtés du contour polygonal parcouru dans le sens ABCDE, sont $\alpha, \beta, \gamma, \delta$.

. 23. **Théorème fondamental.** *La projection d'une droite limitée est égale à la longueur de cette droite multipliée par le cosinus de l'angle que sa direction fait avec l'axe de projection.*

En effet, soit AB la droite à projeter. Menons Ab' parallèle à l'axe de projection; cette parallèle est égale à la projection ab de la droite. Mais, par définition

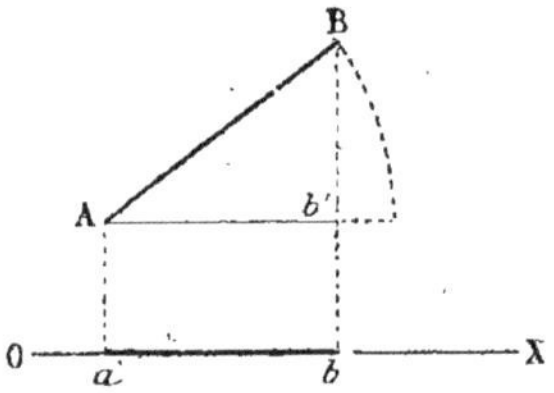

$$\frac{Ab'}{AB} = cos\,BAb', \quad \text{donc}$$

$$ab = AB\,cos\,BAb'.$$

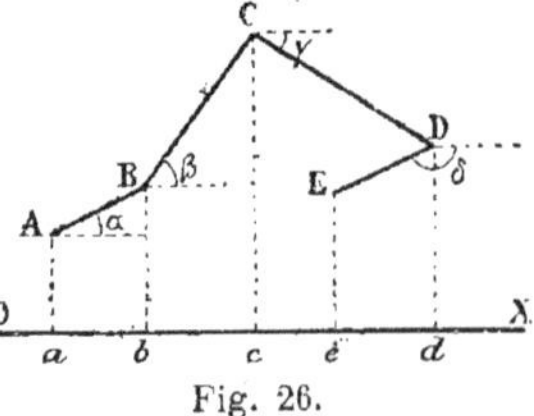

Fig. 25.

Corollaire. La projection d'un contour polygonal ABCDE sur un axe OX (fig. 26), égale la projection de la droite qui joint le point de départ au point d'arrivée.

Fig. 26.

Car l'angle δ étant obtus, son cosinus est négatif; par suite, la projection de DE est elle-même négative. La projection du contour polygonal est donc égale à $ab + bc + cd - de$ ou à la projection ae de la droite qui joindrait le point de départ A au point E d'arrivée.

§ III. — Lignes trigonométriques de la somme ou de la différence de deux arcs.

24. Étant donnés les sinus et cosinus de deux arcs, trouver le *sinus* et le *cosinus* de leur *somme* et de leur *différence*.

1ʳᵉ Méthode. *Solution par les projections.* Soient deux arcs $AB = a$ et $BC = b$. Joignons OC et OB, puis menons CQ perpendiculaire sur OB, et CP perpendiculaire sur OA.

Nous avons (23, *coroll.*) la projection de OC égale à la somme des projections de OQ et de CQ. Or, la projection de OC est OP ou $cos\,(a+b)$; la projection de $OQ = OQ$ $cos\,$BOA ou $cos\,b\,cos\,a$; la projection de $CQ = CQ\,cos\,$CQD, et à cause de $cos\,$CQD $= -\,sin\,a$ (nº 15, 4º), la projection de $CQ = -\,sin\,b\,sin\,a$.

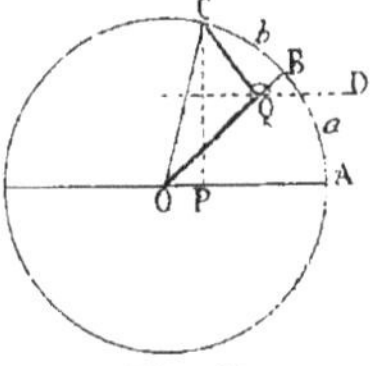

Fig. 27.

Donc $\qquad cos\,(a+b) = cos\,a\,cos\,b - sin\,b\,sin\,a$. $\qquad$ (A)

En changeant b en $-b$, cette formule devient : $cos\,(a-b) =$ $cos\,a\,cos\,(-b) - sin\,a\,sin\,(-b)$: or on a (nº 15, 2º) $cos\,b = cos\,(-b)$ et $sin\,(-b) = -\,sin\,b$.

Donc $\qquad cos\,(a-b) = cos\,a\,cos\,b + sin\,a\,sin\,b$ $\qquad$ (B)

Dans la formule (A), remplaçons a par $\frac{\pi}{2} + a$, il vient

(nº15, 4º) $cos\left[\left(\frac{\pi}{2}+a\right)+b\right] = cos\left(\frac{\pi}{2}+a\right)cos\,b - sin\left(\frac{\pi}{2}+a\right)$

$sin\,b$. Or, $cos\left(\frac{\pi}{2}+a+b\right) = sin\,(a+b)$; $cos\left(\frac{\pi}{2}+a\right) = sin\,a$,

et $sin\left(\frac{\pi}{2}+a\right) = -\,cos\,a$.

Donc : $\qquad sin\,(a+b) = sin\,a\,cos\,b + sin\,b\,cos\,a$ $\qquad$ (C)

Enfin, cette dernière formule donne par le changement de b en $-b$:

$\qquad sin\,(a-b) = sin\,a\,cos\,b - sin\,b\,cos\,a$ $\qquad$ (D)

Ces quatre formules qui sont d'un usage continuel s'énoncent ainsi :

$$sin(a+b) = sin\ a\ cos\ b + sin\ b\ cos\ a \qquad (8)$$
$$sin(a-b) = sin\ a\ cos\ b - sin\ b\ cos\ a \qquad (9)$$
$$cos(a+b) = cos\ a\ cos\ b - sin\ a\ sin\ b \qquad (10)$$
$$cos(a-b) = cos\ a\ cos\ b + sin\ a\ sin\ b \qquad (11)$$

Remarque. Cette méthode, s'appuyant sur un principe général (n° 23), les formules obtenues ne donnent lieu à aucune discussion, quelle que soit la position des points B et C.

25. **2ᵉ Méthode.** *Solution géométrique.* Soient les arcs $AB = a$ et $BC = b$. Portons BC en BC′, nous aurons $AC = a+b$ et $AC' = a-b$. Joignons OA, OB, CC′, puis menons CQ, BP, IL, C′Q′ perpendiculaires sur OA, et IH et C′H′ perpendiculaires à CQ.

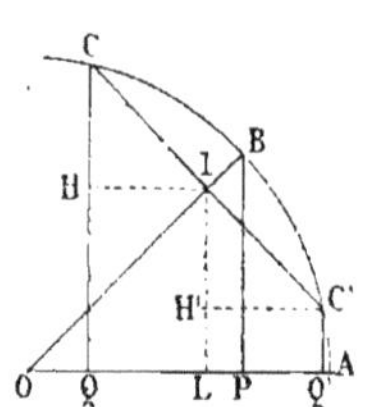

Fig. 28.

On a :
$$sin(a+b) = CQ = IL + CH \qquad (1)$$
$$sin(a-b) = C'Q' = IL - CH \qquad (2)$$
$$cos(a+b) = OQ = OL - LQ = OL - IH \qquad (3)$$
$$cos(a-b) = OQ' = OL + LQ' = OL + IH \qquad (4)$$

Cherchons à déterminer les lignes IL, CH, OL et IH. Les triangles CIH et OBP, semblables comme ayant les côtés perpendiculaires, donnent : $\dfrac{CH}{OP} = \dfrac{IH}{BP} = \dfrac{CI}{OB\ ou\ 1}$; d'où l'on tire :

$$CH = OP \times CI = cos\ a\ sin\ b,$$
et
$$LH = BP \times CI = sin\ a\ sin\ b.$$

De même les triangles semblables OIL et OBP donnent : $\dfrac{IL}{BP} = \dfrac{OL}{OP} = \dfrac{OI}{OB\ ou\ 1}$; on en tire :

$$IL = BP \times OI = sin\ a\ cos\ b,$$
et
$$OL = OP \times OI = cos\ a\ cos\ b.$$

En portant ces valeurs dans les relations (1), (2), (3), (4), il vient :

$$sin(a+b) = sin\ a\ cos\ b + sin\ b\ cos\ a \qquad (8)$$
$$sin(a-b) = sin\ a\ cos\ b - sin\ b\ cos\ a \qquad (9)$$
$$cos(a+b) = cos\ a\ cos\ b - sin\ a\ sin\ b \qquad (10)$$
$$cos(a-b) = cos\ a\ cos\ b + sin\ a\ sin\ b \qquad (11)$$

La généralisation des formules obtenues par cette méthode est assez laborieuse, nous la renvoyons aux Exercices (*problème* 206). A cause de cette discussion, la première méthode est préférable.

26. Tangente de la somme ou de la différence de deux arcs, en fonction des tangentes de ces arcs.

La formule (2) $tg\ a = \dfrac{sin\ a}{cos\ a}$ donne $tg\ (a \pm b) = \dfrac{sin\ (a \pm b)}{cos\ (a \pm b)}$;

remplaçons $sin\ (a \pm b)$ et $cos\ (a \pm b)$ par leurs valeurs, il vient :

$$tg\ (a \pm b) = \frac{sin\ a\ cos\ b \pm sin\ b\ cos\ a}{cos\ a\ cos\ b \mp sin\ a\ sin\ b}.$$

Divisons le numérateur et le dénominateur du second membre par $cos\ a\ cos\ b$;

$$tg\ (a \pm b) = \frac{\dfrac{sin\ a\ cos\ b}{cos\ a\ cos\ b} \pm \dfrac{sin\ b\ cos\ a}{cos\ a\ cos\ b}}{1 \mp \dfrac{sin\ a\ sin\ b}{cos\ a\ cos\ b}} = \frac{\dfrac{sin\ a}{cos\ a} \pm \dfrac{sin\ b}{cos\ b}}{1 \mp \dfrac{sin\ a\ sin\ b}{cos\ a\ cos\ b}}.$$

Mais $\dfrac{sin\ a}{cos\ a} = tg\ a$, $\dfrac{sin\ b}{cos\ b} = tg\ b$, donc :

$$tg\ (a \pm b) = \frac{tg\ a \pm tg\ b}{1 \mp tg\ a\ tg\ b}. \tag{12}$$

Un calcul analogue donnerait pour la cotangente de la somme ou de la différence de deux arcs :

$$cotg\ (a \pm b) = \frac{cot\ a\ cot\ b \mp 1}{cot\ b \pm cot\ a}.$$

§ IV. — Lignes trigonométriques des multiples et sous-multiples des arcs.

27. Sin 2a, cos 2a, tang 2a, en fonction de sin a, cos a et tg a. On obtient les lignes trigonométriques du double d'un arc en faisant $b = a$, dans les formules qui donnent les lignes trigonométriques de la somme de deux arcs.

Ainsi, en faisant $b = a$ dans la formule (8)

$$sin\,(a+b) = sin\,a\ cos\,b + sin\,b\ cos\,a,$$

on obtient : $\qquad sin\,2a = 2\,sin\,a\ cos\,a.$ $\hfill$ (13)

De même, la formule (10)

$$cos\,(a+b) = cos\,a\ cos\,b - sin\,a\ sin\,b,$$

donne : $\qquad cos^2\,a = cos^2\,a - sin\,2a.$ $\hfill$ (14)

Et la formule (12) $\quad tg\,(a+b) = \dfrac{tg\,a + tg\,b}{1 - tg\,a\ tg\,b},$

donne également : $\quad tg\,2a = \dfrac{2\,tg\,a}{1 - tg^2\,a}.$ $\hfill$ (15)

REMARQUE. Dans ces trois formules, les quantités a et $2a$ sont liées par la seule condition que la première est la moitié de la seconde; on peut donc remplacer $2a$ par a et a par $\frac{1}{2}a$, et ces formules s'écriront :

$$sin\,a = 2\,sin\,\tfrac{1}{2}a\ cos\,\tfrac{1}{2}a,$$

$$cos\,a = cos^2\,\tfrac{1}{2}a - sin^2\,\tfrac{1}{2}a,$$

$$tg\,a = \frac{2\,tg\,\tfrac{1}{2}a}{1 - tg^2\,\tfrac{1}{2}a}.$$

En faisant $b = 2a,\ 3a,\ 4a...$, dans les mêmes formules (8), (10) et (12), on obtiendrait les sinus, cosinus et tangentes des arcs $3a,\ 4a,\ 5a...$

28. **Sin $\frac{1}{2}$a, cos $\frac{1}{2}$a, tg $\frac{1}{2}$a en fonction de cos a.** Pour obtenir $sin\,\frac{1}{2}a$ et $cos\,\frac{1}{2}a$, ajoutons et retranchons les formules (1)

$$sin^2\,a + cos^2\,a = 1,$$

et (14) $\qquad cos^2\,a - sin^2\,a = cos\,2a,$

il vient : $\quad cos^2\,a = \dfrac{1 + cos\,2a}{2} \quad$ et $\quad sin^2\,a = \dfrac{1 - cos\,2a}{2};$

d'où $\cos a = \sqrt{\dfrac{1 + \cos 2a}{2}}$ et $\sin a = \sqrt{\dfrac{1 - \cos 2a}{2}}$,

ou en remplaçant $2a$ par a, et a par $\frac{1}{2}a$:

$$\sin \tfrac{1}{2} a = \pm \sqrt{\frac{1 - \cos a}{2}}, \qquad (16)$$

$$\cos \tfrac{1}{2} a = \pm \sqrt{\frac{1 + \cos a}{2}}. \qquad (17)$$

Il faut remarquer les relations intermédiaires que nous avons obtenues ; elles sont d'un grand usage. On les écrit :

$$1 + \cos a = 2 \cos^2 \tfrac{1}{2} a ,$$

et $\qquad\qquad 1 - \cos a = 2 \sin^2 \tfrac{1}{2} a.$

En divisant membre à membre les formules (16) et (17), on obtient une première *valeur de* $\ tg \tfrac{1}{2} a$:

$$tg \tfrac{1}{2} a = \pm \sqrt{\frac{1 - \cos a}{1 + \cos a}}. \qquad (18)$$

29. On peut encore obtenir $\mathbf{tg\, \tfrac{1}{2} a}$ **en fonction de tg a.**

En effet, dans la formule (15) $tg\, a = \dfrac{2\, tg \tfrac{1}{2} a}{1 - tg^2 \tfrac{1}{2} a}$;   chassons

le dénominateur et ordonnons, il vient l'équation de second degré :

$$tg\, a\ tg^2 \tfrac{1}{2} a + 2\, tg \tfrac{1}{2} a - tg\, a = 0 ;$$

on en tire : $\qquad tg \tfrac{1}{2} a = \dfrac{-1 \pm \sqrt{1 + tg^2 a}}{tg\, a}. \qquad (19)$

On adoptera le signe $+$ dans le cas où l'on aura $a < 180°$, car $\frac{1}{2} a$ sera moindre que $90°$, et sa tangente sera positive.

1*

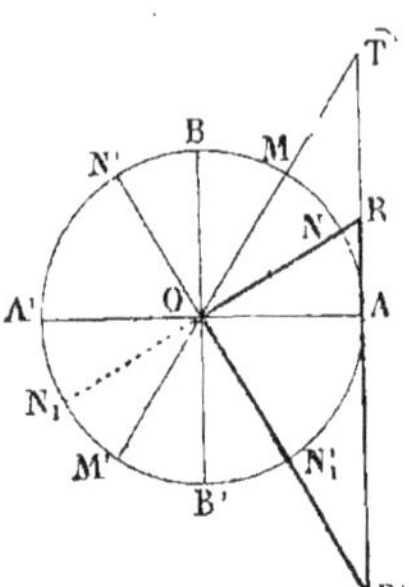

Fig. 29.

On explique facilement la double valeur obtenue. En effet, une tangente donnée $AT = tg\ a$ (fig. 30), répond à une infinité d'arcs terminés en des points M et M' diamétralement opposés et ayant pour différence 180°. Quand on cherche $tg\ \frac{1}{2}a$, on doit trouver les tangentes des moitiés de ces arcs, c'est-à-dire les tangentes d'arcs qui diffèrent de 90°, AN et AN', ou AN_1 et AN_1', arcs dont les tangentes sont de signes contraires (n° 15, 4°).

En outre, ces tangentes sont inverses, puisqu'elles répondent à des angles complémentaires; c'est d'ailleurs ce que l'on pouvait prévoir, les racines de l'équation (19) ayant pour produit —1. Des considérations géométriques très-simples mettent encore ce fait en évidence; car les tangentes des arcs AN et AN' sont AR et AR'; or, dans le triangle rectangle ROR', on a $\quad AR \times AR' = \overline{OA}^2 = 1$; par conséquent, $AR \times (-AR') = -1$.

30. On peut également obtenir $sinus\ \frac{1}{2}a$ et $cosinus\ \frac{1}{2}a$ en fonction de $sin\ a$.

Ajoutons et retranchons les formules :

$$(1)\qquad cos^2\ \tfrac{1}{2}a + sin^2\ \tfrac{1}{2}a = 1,$$

$$\text{et } (13)\qquad 2\ sin\ \tfrac{1}{2}a\ cos\ \tfrac{1}{2}a = sin\ a,$$

nous obtiendrons

$$(cos\ \tfrac{1}{2}a + sin\ \tfrac{1}{2}a)^2 = 1 + sin\ a$$

et

$$(cos\ \tfrac{1}{2}a - sin\ \tfrac{1}{2}a)^2 = 1 - sin\ a;$$

d'où l'on tire :

$$cos\ \tfrac{1}{2}a + sin\ \tfrac{1}{2}a = \pm\sqrt{1 + sin\ a},$$

$$cos\ \tfrac{1}{2}a - sin\ \tfrac{1}{2}a = \pm\sqrt{1 - sin\ a}.$$

En ajoutant et retranchant membre à membre, il vient :

$$\cos \frac{1}{2}a = \frac{\pm \sqrt{1+\sin a} \pm \sqrt{1-\sin a}}{2}, \qquad (20)$$

$$\sin \frac{1}{2}a = \frac{\pm \sqrt{1+\sin a} \mp \sqrt{1-\sin a}}{2}. \qquad (21)$$

Ces formules donnent quatre valeurs pour $\sin \frac{1}{2}a$, et les mêmes valeurs pour $\cos \frac{1}{2}a$; ce résultat peut s'expliquer facilement.

Un sinus étant donné, les arcs correspondants sont compris dans les formules (n° 17) $2K\pi + a$ et $(2K+1)\pi - a$; leurs moitiés sont donc comprises dans les formules : $K\pi + \frac{1}{2}a$ et $K\pi + \frac{\pi}{2} - \frac{a}{2}$. La première donne, selon que K est pair ou impair (n° 15, 1° et 3°) :

$$\sin \frac{1}{2}a = \sin\left(K\pi + \frac{1}{2}a\right) = \pm \sin \frac{1}{2}a,$$

$$\cos \frac{1}{2}a = \cos\left(K\pi + \frac{1}{2}a\right) = \pm \cos \frac{1}{2}a,$$

et la deuxième : $\sin \frac{1}{2}a = \sin\left(K\pi + \frac{\pi}{2} - \frac{1}{2}a\right) = \pm \cos \frac{1}{2}a,$

$$\cos \frac{1}{2}a = \cos\left(K\pi + \frac{\pi}{2} - \frac{1}{2}a\right) = \pm \sin \frac{1}{2}a.$$

On peut encore se rendre compte de ce résultat à l'aide d'une figure. En effet, un sinus donné $MP = \sin a$, répond à tous les arcs terminés en **M** ou en **M'** (n° 17) ; quand on cherche $\sin \frac{1}{2}a$ et $\cos \frac{1}{2}a$, on doit trouver les sinus et les cosinus des moitiés de ces arcs. Or les moitiés des arcs terminés en **M** ont leur extrémité en **N** ou en **N'** ; si l'on prend $BN_1 = AN$, les arcs terminés en N_1 et N'_1

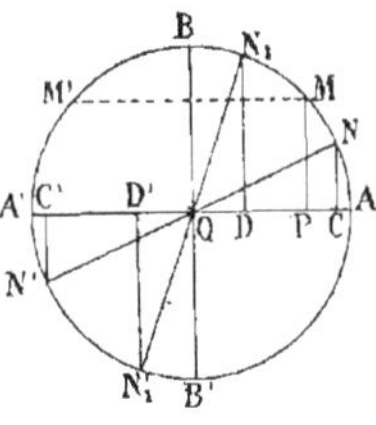

Fig. 30

seront les moitiés des arcs qui ont leur extrémité en **M'**. Ainsi donc $\sin \frac{1}{2}a$ a quatre valeurs NC, $N'C'$, N_1D, N'_1D', égales deux à deux et de signes contraires. $Cos \frac{1}{2}a$ a aussi quatre valeurs égales à celles du sinus.

Dans la pratique, l'arc a étant donné en même temps que son *sinus*, le problème cesse d'être indéterminé, on choisit sans ambiguïté les signes convenables pour $sin \frac{1}{2}a$ et $cos \frac{1}{2}a$.

Soit, par exemple, $a = 50°$. On a $\frac{1}{2}a = 25°$, le sinus et le cosinus sont positifs, et, le sinus étant plus petit que le cosinus, on aura pour les relations intermédiaires :

$$sin\ 25° + cos\ 25° = + \sqrt{1 + sin\ 50°},$$
$$sin\ 25° - cos\ 25° = - \sqrt{1 - sin\ 50°},$$

et pour valeurs cherchées :

$$sin\ 25° = \frac{\sqrt{1 + sin\ 50°} - \sqrt{1 - sin\ 50°}}{2},$$

$$cos\ 25° = \frac{\sqrt{1 + sin\ 50°} + \sqrt{1 - sin\ 50°}}{2}.$$

31. Transformation d'une somme ou d'une différence de deux lignes trigonométriques en un produit.

Le but de cette transformation est de remplacer une formule renfermant la somme ou la différence de deux lignes trigonométriques, par une autre calculable par logarithmes. Résolvons d'abord la question pour la *somme ou la différence de deux sinus* ou *de deux cosinus*.

Reprenons les formules :

$$sin\ (a+b) = sin\ a\ cos\ b + sin\ b\ cos\ a,$$
$$sin\ (a-b) = sin\ a\ cos\ b - sin\ b\ cos\ a,$$
$$cos\ (a+b) = cos\ a\ cos\ b - sin\ a\ sin\ b,$$
$$cos\ (a-b) = cos\ a\ cos\ b + sin\ a\ sin\ b,$$

En les combinant deux à deux par addition ou par soustraction, on obtient :

$$sin\ (a+b) + sin\ (a-b) = 2\ sin\ a\ cos\ b;$$
$$sin\ (a+b) - sin\ (a-b) = 2\ cos\ a\ sin\ b,$$
$$cos\ (a+b) + cos\ (a+b) = 2\ cos\ a\ cos\ b,$$
$$cos\ (a-b) - cos\ (a+b) = 2\ sin\ a\ sin\ b.$$

Si l'on pose $(a+b)=p$ et $(a-b)=q$, on a :

$$a=\frac{1}{2}(p+q), \qquad b=\frac{1}{2}(p-q);$$

et les formules précédentes deviennent :

$$sin\ p + sin\ q = 2\ sin\frac{1}{2}(p+q)\ cos\frac{1}{2}(p-q), \qquad (22)$$

$$sin\ p - sin\ q = 2\ cos\frac{1}{2}(p+q)\ sin\frac{1}{2}(p-q), \qquad (23)$$

$$cos\ p + cos\ q = 2\ cos\frac{1}{2}(p+q)\ cos\frac{1}{2}(p-q) \qquad (24)$$

$$cos\ q - cos\ p = 2\ sin\frac{1}{2}(p+q)\ sin\frac{1}{2}(p-q). \qquad (25)$$

EXEMPLES :

$$sin\ 46° + sin\ 27° \quad \text{devient} \quad 2\ sin\ 36°30'\ cos\ 9°30',$$
$$sin\ 46° - sin\ 27° \quad « \quad 2\ cos\ 36°30'\ sin\ 9°30',$$
$$cos\ 46° + cos\ 27° \quad « \quad 2\ cos\ 36°30'\ cos\ 9°30',$$
$$cos\ 27° - cos\ 46° \quad « \quad 2\ sin\ 36°30'\ sin\ 9°30'.$$

Si l'on divise membre à membre les formules (22) et (23), on a :

$$\frac{sin\ p + sin\ q}{sin\ p - sin\ q} = \frac{2\ sin\frac{1}{2}(p+q)\ cos\frac{1}{2}(p-q)}{2\ cos\frac{1}{2}(p+q)\ sin\frac{1}{2}(p-q)}$$

ou, à cause de $\quad \dfrac{sin\frac{1}{2}(p+q)}{cos\frac{1}{2}(p+q)} = tg\frac{1}{2}(p+q)$

et de $\quad \dfrac{cos\frac{1}{2}(p-q)}{sin\frac{1}{2}(p-q)} = cotg\frac{1}{2}(p-q) = \dfrac{1}{tg\frac{1}{2}(p-q)},$

$$\frac{sin\ p + sin\ q}{sin\ p - sin\ q} = \frac{tg\frac{1}{2}(p+q)}{tg\frac{1}{2}(p-q)}. \qquad (26)$$

Cette formule très-importante peut s'énoncer ainsi :

La somme des sinus de deux arcs est à la différence de ces mêmes sinus, comme la tangente de la demi-somme de ces arcs est à la tangente de leur demi-différence.

32. Transformation de tg $a \pm$ tg b. Pour rendre calculable par logarithmes la somme ou la différence de deux tangentes, il suffit de poser :

$$tg\ a \pm tg\ b = \frac{sin\ a}{cos\ a} \pm \frac{sin\ b}{cos\ b} = \frac{sin\ a\ cos\ b \pm sin\ b\ cos\ a}{cos\ a\ cos\ b},$$

ou
$$tg\ a \pm tg\ b = \frac{sin\ (a \pm b)}{cos\ a\ cos\ b}. \tag{27}$$

On trouve de la même manière :

$$cot\ a \pm cot\ b = \frac{sin\ (b \pm a)}{sin\ a\ sin\ b}. \tag{28}$$

REMARQUE. Si une ligne se trouvait ajoutée à la ligne complémentaire, on ramènerait ce cas à celui de deux lignes de même espèce, en remplaçant la ligne complémentaire par la ligne directe de même valeur. Ainsi, pour transformer $sin\ a + cos\ b$, il suffirait d'écrire $sin\ a + sin\left(\frac{\pi}{2} - b\right)$ et d'appliquer la formule (22).

Applications.

1° *Trouver directement le* sin *et le* cos *des arcs de 45°, de 30° et de 60°, de 18° et de 72°.*

1° Le *sin* de 45° étant égal à la moitié de la corde qui soustend un arc double, c'est-à-dire la moitié du côté du carré inscrit on a :

$$sin\ 45° = cos\ 45° = \frac{\sqrt{2}}{2}.$$

Il en résulte : $tg\ 45° = 1$; etc.

2° Le *sin* de 30° est la moitié de la corde de 60° ; d'ailleurs les arcs de 30° et de 60° étant complémentaires, on a :

$$sin\ 30° = cos\ 60 = \frac{1}{2}.$$

Donc
$$\cos 30^\circ = \sin 60^\circ = \sqrt{1 - \frac{1}{4}} = \frac{\sqrt{3}}{2} \,;$$

par suite
$$tg\ 30^\circ = \cot 60^\circ = \frac{1}{\sqrt{3}} = \frac{1}{3}\sqrt{3} \,;\ \text{etc.}$$

3° Le *sin* de 18° est la moitié du côté du décagone régulier inscrit; d'ailleurs, les arcs de 18° et de 72° étant complémentaires, on a :
$$\sin 18^\circ = \cos 72^\circ = \frac{\sqrt{5}-1}{4} \,;$$

par suite
$$\cos 18^\circ = \sin 72^\circ = \sqrt{1 - \frac{6 - 2\sqrt{5}}{16}} = \frac{1}{4}\sqrt{10 + 2\sqrt{5}} \,;\ \text{etc.}$$

A l'aide des formules (13) et (14), (16) et (17), on trouverait de même :
$$\sin 36^\circ = \cos 54^\circ, \quad \cos 36^\circ = \sin 54^\circ \,;$$
$$\sin 9^\circ = \cos 81^\circ, \quad \cos 9^\circ = \sin 81^\circ.$$

2° *Trouver les lignes trigonométriques de l'arc de* 75°. (Sorbonne, 9 avril 1858, 3 novembre 1866.)

Cet arc est égal à la somme des arcs de 45° et de 30°; donc :
$$\sin 75^\circ = \sin (45^\circ + 30^\circ) = \sin 45^\circ\ \cos 30^\circ + \sin 30^\circ\ \cos 45^\circ,$$

ou
$$\sin 75^\circ = \frac{\sqrt{2}}{2} \cdot \frac{\sqrt{3}}{2} + \frac{1}{2} \cdot \frac{\sqrt{2}}{2} = \frac{\sqrt{6} + \sqrt{2}}{4} \,.$$

De même
$$\cos 75^\circ = \cos 45^\circ\ \cos 30^\circ - \sin 45^\circ\ \sin 30^\circ = \frac{\sqrt{2}}{2} \cdot \frac{\sqrt{3}}{2} - \frac{\sqrt{2}}{2} \cdot \frac{1}{2} \,,$$

ou
$$\cos 75^\circ = \frac{\sqrt{6} - \sqrt{2}}{4} \,.$$

$$tg\ 75^\circ = \frac{\sin 75^\circ}{\cos 75^\circ} = \frac{\sqrt{6} + \sqrt{2}}{\sqrt{6} - \sqrt{2}} = 2 + \sqrt{3} \,.$$

On peut conclure :
$$\cot 75^\circ = 2 - \sqrt{3},$$
$$\text{séc } 75^\circ = \sqrt{6} + \sqrt{2},$$
$$\text{coséc } 75^\circ = \sqrt{6} - \sqrt{2}.$$

3° *Vérifier la formule de* $tg\,(a-b)$ *pour* $a = 90°$ *et* $b = 0°$.

La formule est $\ tg\,(a-b) = \dfrac{tg\,a - tg\,b}{1 + tg\,a\ tg\,b}$; si l'on y rempla-
çait $tg\,a$ et $tg\,b$ par leurs valeurs, on trouverait la formule :

$tg\,90° = \dfrac{\infty}{1 + \infty \times 0}$, qu'il est impossible d'interpréter ; mais on
élude la difficulté en divisant préalablement les deux termes de
la formule à vérifier par $tg\,a$; il vient :

$$tg\,(a-b) = \frac{1 - \dfrac{tg\,b}{tg\,a}}{\dfrac{1}{tg\,a} + tg\,b}.$$

En remplaçant $tg\,a$ et $tg\,b$ on obtient :

$$tg\,90° = \frac{1-0}{0+0} = \frac{1}{0} = \infty.$$

4° *Étant donnés les sinus ou les tang de trois arcs* a, b *et* c, *trouver le sinus ou la tang de la somme de ces arcs.*

1° $Sin\,(a+b+c) = sin\,(a+b)\ cos\,c + cos\,(a+b)\ sin\,c$;

d'où, en développant $sin\,(a+b)$ et $cos\,(a+b)$, on a :

$$sin\,(a+b+c) = sin\,a\ cos\,b\ cos\,c + sin\,b\ cos\,c\ cos\,a + sin\,c$$
$$cos\,a\ cos\,b - sin\,a\ sin\,b\ sin\,c.$$

2° De même : $tg\,(a+b+c) = \dfrac{tg\,(a+b) + tg\,c}{1 - tg\,(a+b)\ tg\,c}$,

d'où $\quad tg\,(a+b+c) = \dfrac{tg\,a + tg\,b + tg\,c - tg\,a\ tg\,b\ tg\,c}{1 - tg\,a\ tg\,b - tg\,b\ tg\,c - tg\,c\ tg\,a}$.

Si $a+b+c = 180°$, on a :

$$tg\,a + tg\,b + tg\,c = tg\,a\ tg\,b\ tg\,c. \quad \text{(V. le probl. 207, 5°.)}$$

5° *Calculer l'angle que doivent former deux rayons* OA *et* OB *d'un cercle, pour que le volume engendré par la révolution du secteur circulaire* OAB *autour du rayon* OA *soit le quart du volume de la sphère de même rayon.* (Sorbonne, 26 juillet 1861.)

Le volume engendré par le secteur a pour mesure $V = \frac{2}{3}\pi R^2 h$;

mais h ou

$$AP = R - OP = R - R\,cos\,\alpha = R\,(1 - cos\,\alpha);$$

par conséquent $V = \frac{2}{3}\pi R^3 (1 - cos\,\alpha)$.

Comme on veut que ce volume soit le quart

de $\frac{4}{3}\pi R^3$, on a la relation :

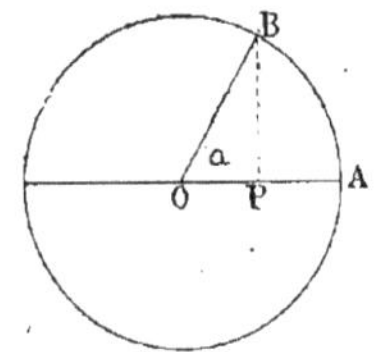

$$\frac{2}{3}\pi R^3 (1 - cos\,\alpha) = \frac{1}{3}\pi R^3, \text{ ou } 2(1 - cos\,\alpha) = 1;$$

Fig. 31.

donc $1 - cos\,\alpha = \frac{1}{2}$, $cos\,\alpha = \frac{1}{2}$ et $\alpha = 60°$. (Applications: $1°, 2$.)

6° *Calculer la surface d'un trapèze symétrique dont la hauteur* $h = 6^m$, *sachant que la base supérieure a* 8^m, *et que les côtés non parallèles forment avec la base inférieure un angle* α *dont la tangente trigonométrique égale* $\frac{3}{4}$.

L'aire du trapèze $S = \frac{1}{2}(AB + CD)h$; on connaît $CD = 8$ et

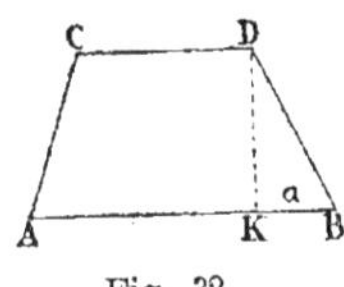

$h = 6$, on aura AB en remarquant que cette ligne égale $CD + 2BK$ et comme

$$tg\,\alpha = \frac{DK}{BK} = \frac{3}{4}, \; BK = \frac{4DK}{3} = 8, \; AB = 24.$$

Par conséquent $S = \frac{1}{2}(24 + 8)6 = 96^{mq}$.

Fig. 32.

7° *Rendre calculable par logarithmes l'expression*

$$x = a \pm b.$$

$1°$ $x = a + b$ peut s'écrire $x = a\left(1 + \frac{b}{a}\right)$. Écrivons $\frac{b}{a} = tg^2\varphi$,

φ étant un angle auxiliaire dont on calcule aisément la valeur par logarithmes; nous aurons alors $x = a(1 + tg^2\,\varphi)$, ou

$$x = a\;séc^2\,\varphi = \frac{a}{cos^2\,\varphi},$$

expression calculable par logarithmes.

$2°$ Dans $x = a - b$, si l'on a $a > b$, après avoir écrit $x = a\left(1 - \dfrac{b}{a}\right)$, on peut poser $\dfrac{b}{a} = cos^2\,\varphi$; car $\dfrac{b}{a}$ est plus petit que 1; il vient alors $x = a(1 - cos^2\,\varphi) = a\,sin^2\,\varphi$.

Si l'on a $b > a$, il vient de même $x = -b\,sin^2\,\varphi$.

Autre méthode. Écrivons : $x = a\left(1 \pm \dfrac{b}{a}\right)$; puis faisons $\dfrac{b}{a} = cos\,\varphi$; il vient : $x = a(1 \pm cos\,\varphi)$. Or les binômes $1 + cos\,\varphi$ et $1 - cos\,\varphi$ sont respectivement égaux à $2\,cos^2\dfrac{\varphi}{2}$ et $2\,sin^2\dfrac{\varphi}{2}$ (n° 28); donc :

$$a + b = 2a\,cos^2\frac{\varphi}{2} \quad \text{et} \quad a - b = 2a\,sin^2\frac{\varphi}{2}.$$

Remarque. On pourrait ainsi rendre calculable par logarithmes l'expression $x = \dfrac{a - b}{a + b}$; mais on peut procéder de la manière suivante : après avoir mis a en facteur dans les deux termes de la fraction, on fait $\dfrac{b}{a} = tg\,\varphi$, et l'on a successivement, à cause de $tg\,45° = 1$:

$$x = \frac{1 - tg\,\varphi}{1 + tg\,\varphi} = \frac{tg\,45° - tg\,\varphi}{1 + tg\,45°\,tg\,\varphi} = tg\,(45° - \varphi).$$

$8°$ *Rendre calculable par logarithmes l'expression* $m\,sin\,a \pm n\,cos\,a$; *application à la résolution de l'équation* $a\,sin\,x + b\,cos\,x = c$.

$1°$ Mettons m en facteur :

$$m\,sin\,a \pm n\,cos\,a = m\left(sin\,a \pm \frac{n}{m}\,cos\,a\right),$$

ou en faisant : $\dfrac{n}{m} = tg\,\varphi$,

$$m\,sin\,a \pm n\,cos\,a = m\left(sin\,a \pm tg\,\varphi\,cos\,a\right),$$
$$= m\left(sin\,a \pm \frac{sin\,\varphi\,cos\,a}{cos\,\varphi}\right),$$
$$= m\left(\frac{sin\,a\,cos\,\varphi \pm sin\,\varphi\,cos\,a}{cos\,\varphi}\right),$$
$$= m\,\frac{sin\,(a \pm \varphi)}{cos\,\varphi}.$$

2° Divisons par a les deux membres de l'équation; il vient :

$$sin\ x + \frac{b}{a} cos\ x = \frac{c}{a}. \quad \text{Écrivons} \quad \frac{b}{a} = tg\ \varphi, \quad \text{on a :}$$

$$sin\ x + tg\ \varphi\ cos\ x = \frac{c}{a}; \quad \text{multiplions par} \quad cos\ \varphi,$$

il vient :
$$sin\ x\ cos\ \varphi + sin\ \varphi\ cos\ x = \frac{c}{a} cos\ \varphi,$$

ou
$$sin\ (x + \varphi) = \frac{c}{a} cos\ \varphi;$$

on aura ainsi l'angle $x + \varphi$, et par suite l'angle x. (Voir le problème 7 aux Applications du chap. III.)

9° *Quelle est la valeur de l'angle* x, *qui rend maximum le produit* $sin\ x\ cos^3\ x$?

En remplaçant $cos\ x$ par sa valeur $\sqrt{1 - sin^2\ x}$, l'expression proposée devient : $sin\ x\ (\sqrt{1 - sin^2\ x})^3$; le maximum de ce produit a lieu en même temps que celui de son carré $sin^2\ x\ (1 - sin^2\ x)^3$; mais la somme des deux facteurs $sin^2\ x$ et $1 - sin^2\ x$ est constante et égale à 1; donc le produit sera maximum quand les facteurs seront proportionnels à leurs exposants. Donc $\frac{sin^2\ x}{1 - sin^2\ x} = \frac{1}{3}$; d'où $sin^2\ x = \frac{1}{4}$, et par suite $sin\ x = \frac{1}{2}$. L'angle $x = 30°$.

10° *Deux parallèles* AC *et* DB *sont éloignées d'une longueur donnée* d. *D'un point fixe* O, *distant de* h *de la première parallèle, on mène la perpendiculaire commune* OAB. *A quelle distance* y *de cette droite une autre perpendiculaire commune* CD *sera-t-elle vue du point* O *sous un angle maximum* COD $= x$? (Composition donnée aux examens d'admission à Saint-Cyr, juillet 1872.)

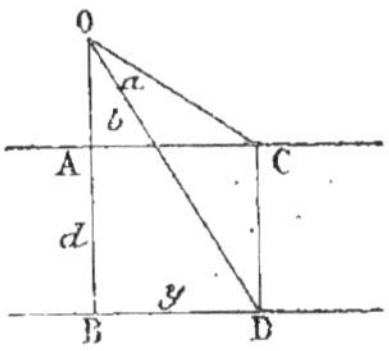

Fig. 33.

On donne $AB = d$, $OA = h$;

la distance à chercher est $BD = y$, propre à rendre maximum l'angle $COD = x$.

Soient $a = \text{COB}$ et $b = \text{DOB}$.

On a $tg\, a = \dfrac{y}{h}$ et $tg\, b = \dfrac{y}{d+h}$; donc, en vertu de la formule (12) :

$$tg\,(a-b) = \frac{\dfrac{y}{h} - \dfrac{y}{d+h}}{1 + \dfrac{y^2}{h(d+h)}} = \frac{y(d+h-h)}{h(d+h)+y^2}$$

ou
$$tg\, x = \frac{dy}{h(d+h)+y^2}.$$

Pour trouver la valeur de x qui rend cette expression maximum, écrivons : $\dfrac{dy}{h(d+h)+y^2} = m$, ou $my^2 - dy + mh(d+h) = 0$; on en tire :

$$y = \frac{d \pm \sqrt{d^2 - 4m^2 h(d+h)}}{2m}$$

La plus grande valeur de m se déduit de $4m^2 h(d+h) = d^2$; on en conclut : $m = \dfrac{d}{2\sqrt{h(d+h)}}$; par suite, la valeur de y est :

$$y = \frac{2d\sqrt{h(d+h)}}{2d} \quad \text{ou simplement : } \quad y = \sqrt{h(d+h)}.$$

C'est une moyenne proportionnelle entre h et $d+h$.

CHAPITRE III

DES TABLES TRIGONOMÉTRIQUES

---

§ I. — Calcul des fonctions trigonométriques.

33. Dans les applications de la Trigonométrie, il est nécessaire de connaître les lignes trigonométriques qui correspondent à un arc donné, et réciproquement; c'est pourquoi on a construit des tables qui font connaître les valeurs de ces lignes pour un certain nombre d'arcs se succédant par intervalles suffisamment rapprochés.

Nous allons indiquer comment on pourrait construire une pareille table à l'aide d'une méthode élémentaire.

Comme les lignes trigonométriques reçoivent dans le 1er quadrant toutes les valeurs absolues qu'elles sont susceptibles de prendre, il suffit de calculer ces valeurs pour le 1er quadrant. On peut d'ailleurs se borner aux arcs plus petits que 45°, puisque, les arcs plus grands étant complémentaires, les sinus de 0° à 45° sont les cosinus de 45° à 90°, etc.

Enfin, une des lignes étant connue, le sinus par exemple, on peut trouver toutes les autres; il suffit donc de calculer le sinus d'un premier arc. Cherchons le sinus de l'arc de 10″: quelques principes préliminaires nous permettront de connaître le degré d'approximation obtenu.

34. **Théorème I.** *Un arc moindre que 90° est plus grand que son sinus et plus petit que sa tangente.*

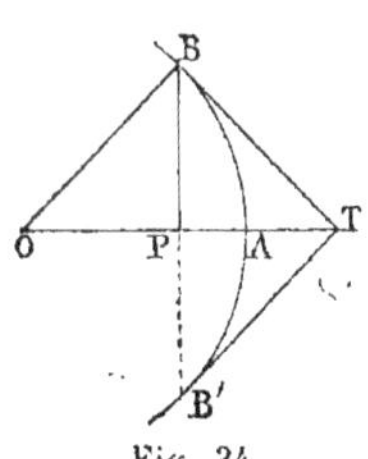

Fig. 34.

Soit l'arc AB $= a$; menons la corde BB′ perpendiculaire à OA et la tangente BT. On a évidemment (*Géométrie*, n° 166) : BT $=$ B′T $=$ $tg\ a$; et BB′ $= 2$ BP $= 2 sin\ a$.

Mais on a aussi :

$$BB' < \text{arc } BAB' < BTB'$$

ou

$$2 sin\ a < 2a < 2 tg\ a;$$

donc

$$sin\ a < a < tg\ a.$$

2

Corollaire. *Un arc très-petit diffère très-peu de son sinus.*

En effet, dans l'inégalité précédente, si l'on divise les trois quantités par $sin\ a$, il vient :

$$1 < \frac{a}{sin\ a} < \frac{1}{cos\ a};$$

or, à mesure que l'arc a diminue et tend vers zéro, le cosinus augmente et tend vers l'unité; donc le rapport $\dfrac{1}{cos\ a}$ a pour limite 1, et *à fortiori* $\dfrac{a}{sin\ a}$ a également 1 pour limite. En d'autres termes, *un arc très-petit et son sinus diffèrent peu l'un de l'autre;* on peut donc négliger l'erreur que l'on commet en prenant pour valeur approchée du sinus l'arc lui-même. Le théorème suivant permet de calculer la limite de l'erreur commise.

35. Théorème II. *La différence entre un arc du 1ᵉʳ quadrant et son sinus est moindre que le quart du cube de l'arc.*

En effet, on a $\quad tg\frac{1}{2}a > \frac{1}{2}a \quad$ ou $\quad \dfrac{sin\frac{1}{2}a}{cos\frac{1}{2}a} > \frac{1}{2}a.$

Multiplions les deux membres par $2\,cos^2\frac{1}{2}a$, il vient :

$$2\,sin\frac{1}{2}a\ cos\frac{1}{2}a > a\ cos^2\frac{1}{2}a$$

ou $\quad sin\ a > a\ cos^2\frac{1}{2}a \quad$ ou enfin $\quad sin\ a > a\left(1 - sin^2\frac{1}{2}a\right).$

Si l'on remplace $sin\frac{1}{2}a$ par $\frac{1}{2}a$, quantité plus grande, on renforce l'inégalité, et l'on a :

$$sin\ a > a\left(1 - \frac{a^2}{4}\right) \quad \text{ou} \quad sin\ a > a - \frac{a^3}{4}$$

ou enfin $\qquad\qquad a - sin\ a < \dfrac{a^3}{4}.$

Remarque. Ce théorème et le précédent montrent que $sin\ a$ est compris entre a et $a - \dfrac{a^3}{4}$; on a, en effet, $a > sin\ a > \dfrac{a^3}{4}.$

36. Corollaire. *Le cosinus d'un arc a du 1ᵉʳ quadrant est compris entre* $1-\dfrac{a^2}{2}$ *et* $1-\dfrac{a^2}{2}+\dfrac{a^4}{16}$.

En effet, $sin\,\dfrac{1}{2}a$ est compris entre $\dfrac{a}{2}$ et $\dfrac{a}{2}$ diminué du quart de son cube, c'est-à-dire de $\dfrac{a^3}{32}$. Si, dans la formule $cos\,a=1-2\,sin^2\dfrac{1}{2}a$, on remplace $sin\,\dfrac{1}{2}a$ par la quantité plus grande $\dfrac{a}{2}$, le second membre sera diminué, et l'on aura :

$$cos\,a>1-2\left(\dfrac{a}{2}\right)^2 \quad \text{ou} \quad cos\,a>1-\dfrac{a^2}{2}.$$

Si, au contraire, on remplace $sin\,\dfrac{1}{2}a$ par la quantité plus petite $\dfrac{a}{2}-\dfrac{a^3}{32}$, le second membre sera augmenté, et l'on pourra écrire :

$$cos\,a<1-2\left(\dfrac{a}{2}-\dfrac{a^3}{32}\right)^2 \quad \text{ou} \quad cos\,a<1-\dfrac{a^2}{2}+\dfrac{a^4}{16}-\dfrac{2a^6}{32},$$

inégalité qui sera encore vraie, *à fortiori,* si l'on augmente le 2ᵉ membre de $\dfrac{2a^6}{32}$; elle devient alors $cos\,a<1-\dfrac{a^2}{2}+\dfrac{a^4}{16}$.

Donc $cos\,a$ est compris entre $1-\dfrac{a^2}{2}$ et $1-\dfrac{a^2}{2}+\dfrac{a^4}{16}$, et l'on peut écrire :

$$1-\dfrac{a^2}{2}<cos\,a<1-\dfrac{a^2}{2}+\dfrac{a^4}{16}.$$

37. Calcul de sin 10″ et de cos 10″. L'arc de 180° est égal à π ; il renferme $180\times60\times60=648\,800''$. Donc, $arc\,10''=\dfrac{\pi}{64\,800}$. Ce quotient est un nombre plus petit que 0,000 05 ; si l'on prend cette valeur pour $sin\,10''$, l'erreur sera moindre que $\dfrac{(0,000\,05)^3}{4}$, c'est-à-dire moindre que $\dfrac{0,000\,000\,000\,000\,125}{4}$; le quotient sera donc exact au moins jusqu'à la 13ᵉ décimale.

Ce quotient est   0,000 048 481 3681...

Si maintenant on prend $cos\,10'' = 1 - \dfrac{(arc\,10'')^2}{2}$, l'erreur commise sera moindre que $\dfrac{(0,00005)^4}{16}$, c'est-à-dire moindre que $\dfrac{0,000\,000\,000\,000\,000\,006\,25}{16}$; la valeur obtenue sera donc exacte au moins jusqu'à la 18ᵉ décimale.

Cette valeur est $0,999\,999\,998\,8248\ldots$

38. On pourrait calculer les sinus et cosinus des arcs de $10''$ en $10''$ à l'aide des formules qui donnent $sin\,2a$, $cos\,2a$, etc.; mais le calcul se fait plus simplement à l'aide des formules de *Simpson*.

On a trouvé (n° 31) les relations :

$$sin(a+b) + sin(a-b) = 2\,sin\,a\,cos\,b$$
$$cos(a+b) + cos(a-b) = 2\,cos\,a\,cos\,b\,;$$

on en tire : $sin(a+b) = sin\,a\,.\,2\,cos\,b - sin(a-b)$
$$cos(a+b) = cos\,a\,.\,2\,cos\,b - cos(a-b).$$

Faisons : $a = mb$, il vient :

$$sin(m+1)b = sin\,mb\,.\,2\,cos\,b - sin(m-1)b$$
$$cos(m+1)b = cos\,mb\,.\,2\,cos\,b - cos(m-1)b.$$

Supposons $b = 10''$ et faisons successivement $m = 1$, $m = 2$, $m = 3$, etc.; il vient :

$$sin\,20'' = sin\,10''.\,2\,cos\,10'' - 0 \qquad\qquad cos\,20'' = cos\,10''.\,2\,cos\,10'' - 1$$
$$sin\,30'' = sin\,20''.\,2\,cos\,10'' - sin\,10'' \qquad cos\,30'' = cos\,20''.\,2\,cos\,10'' - cos\,10''$$
$$sin\,40'' = sin\,30''.\,2\,cos\,10'' - sin\,20'' \qquad cos\,40'' = cos\,30''.\,2\,cos\,10'' - cos\,20''$$
$$sin\,50'' = sin\,40''.\,2\,cos\,10'' - sin\,30'' \qquad cos\,50'' = cos\,40''.\,2\,cos\,10'' - cos\,30''$$

A partir de $30°$, ce travail se simplifie d'une manière remarquable :

écrivons : $sin(a+b) + sin(a-b) = 2\,sin\,a\,cos\,b$
$$cos(a-b) - cos(a+b) = 2\,sin\,a\,sin\,b.$$

On en tire : $sin(a+b) = 2\,sin\,a\,cos\,b - sin(a-b)$
$$cos(a+b) = cos(a-b) - 2\,sin\,a\,sin\,b.$$

Si l'on suppose $a = 30°$, à cause de $sin\, 30° = \frac{1}{2}$, ces formules deviennent :

$$sin\,(30° + b) = cos\, b - sin\,(30° - b)$$
$$cos\,(30° + b) = cos\,(30° - b) - sin\, b.$$

b étant moindre que 30°, tout est connu dans les seconds membres, une simple soustraction donnera les sinus et les cosinus des arcs plus grands que 30°.

Remarques. I. Si l'on suivait le procédé qui vient d'être indiqué pour calculer les sinus et les cosinus, il serait nécessaire de recourir à des vérifications nombreuses, car une erreur commise dans une opération rendrait inexacts tous les calculs suivants. De plus, les valeurs de $sin\, 10''$ et $cos\, 10''$ étant seulement approchées, les erreurs s'accumulent à mesure qu'on avance dans les calculs et peuvent devenir considérables. Pour remédier à cet inconvénient, il faudrait avoir soin de déterminer directement les sinus et cosinus d'un certain nombre d'arcs convenablement choisis, afin de vérifier les résultats obtenus. Cette question a déjà été résolue (*Chapitre II, Applications, 1°*); à l'aide des formules du n° 28, on peut avoir directement les sinus et les cosinus de 9° en 9°. On pourrait aussi prendre ces valeurs, calculées directement avec une approximation suffisante, comme points de départ d'une nouvelle série d'opérations que l'on effectuerait avec les formules de Simpson.

II. Quelques ouvrages spéciaux contiennent les valeurs naturelles des fonctions trigonométriques; mais dans la plupart des applications, les calculs se font au moyen des logarithmes; c'est pourquoi les tables usuelles ne donnent que les logarithmes des valeurs naturelles, et l'on s'est borné à inscrire dans ces tables les logarithmes des quatre fonctions : *sin, cos, tg* et *cotg*. Si l'on avait besoin des logarithmes de la sécante et de la cosécante, il suffirait de prendre en signe contraire ceux du cosinus et du sinus, puisque ces dernières lignes sont les inverses des deux autres.

§ II. — Tables des logarithmes des fonctions trigonométriques.

Disposition et usage des tables.

39. Les tables trigonométriques sont de deux espèces : 1° *les grandes tables*, dites de CALLET, de DUPUIS, etc., qui contiennent avec 7 décimales les logarithmes des lignes trigonométriques des arcs de 10″ en 10″, depuis 0° jusqu'à 90°, et de seconde en seconde pour les 5 premiers degrés; 2° *les petites tables*, dites de LALANDE, qui contiennent les logarithmes des lignes trigonométriques des arcs de minute en minute. Parmi ces dernières, les unes ont été étendues à 7 décimales; les autres, de DUPUIS, HOUEL, etc., sont à 5 décimales. La disposition de toutes ces tables est d'ailleurs la même; il suffit d'indiquer, par exemple, celle des tables de Lalande.

Au titre de chaque colonne est joint le nombre des degrés de l'arc; de 0° à 45°, il est écrit en haut, et les minutes qui s'y rapportent sont dans la première colonne à gauche. Les colonnes suivantes contiennent, sous des titres respectifs, les logarithmes des *sin*, *tg*, *cotg* et *cos.* ; la lecture se fait de haut en bas. De 45° à 90°, la table revient, pour ainsi dire, sur elle-même, et la lecture se fait en sens inverse : les degrés sont au bas des pages, et les minutes, dans la 1ʳᵉ colonne à droite. La colonne des *sin* est devenue celle des *cos*, et réciproquement; la colonne des *tg* est devenue également celle des *cotg*, et réciproquement; ce que l'on comprend sans peine, un arc plus grand que 45° ayant pour complément un arc plus petit, et *vice versa*.

40. Les différences entre les logarithmes des sinus de deux arcs consécutifs forment une colonne de *différences tabulaires*, à l'aide desquelles on peut calculer les logarithmes intermédiaires. Il en est de même à l'égard des tangentes, etc. Ces différences sont *positives* pour les *sinus* et les *tangentes*, parce que ces fonctions croissent avec l'arc, tandis qu'elles sont *négatives* pour les *cosinus* et les *cotangentes*, qui diminuent quand l'arc augmente.

Les tables de Dupuis et de Houël contiennent, en outre, des tables de *parties proportionnelles* qui dispensent de certains calculs nécessaires avec les tables de Lalande.

La même colonne de *différences* se rapporte à la fois aux *tg* et *cotg*, car, ces lignes étant inverses, on a pour deux arcs consécutifs a et b : $tg\ a . cotg\ a = tg\ b . cotg\ b$; d'où $\dfrac{tg\ a}{tg\ b} = \dfrac{cotg\ b}{cotg\ a}$, et en appliquant les logarithmes : $log\ tg\ a - log\ tg\ b = log\ cotg\ b - log\ cotg\ a$.

On peut remarquer que la différence des logarithmes des tangentes de deux arcs, est la somme des différences des logarithmes *sinus* et des logarithmes *cosinus* des mêmes arcs, car :

$$tg\ a = \frac{sin\ a}{cos\ a} \ \text{ et } \ tg\ b = \frac{sin\ b}{cos\ b}; \quad \text{d'où} \quad \frac{tg\ a}{tg\ b} = \frac{sin\ a\ cos\ b}{cos\ a\ sin\ b};$$

donc en appliquant les logarithmes :

$$log\ tg\ a - log\ tg\ b = log\ sin\ a - log\ sin\ b + log\ cos\ b - log\ cos\ a.$$

Remarques. I. A l'inspection des tables, on constate que les différences tabulaires deviennent très-petites pour les cosinus des arcs voisins de 90°; de sorte qu'un petit changement de valeur ou une légère erreur sur le logarithme du cosinus produit un changement relativement considérable sur l'arc. La même observation s'applique aux sinus des arcs très-petits. Ainsi, *un arc très-petit est mal déterminé par son sinus*, *et un arc voisin de* 90° *est mal déterminé par son cosinus*. Le même inconvénient n'a pas lieu pour les tangentes.

II. Les sinus et les cosinus de tous les arcs sont moindres que 1; il en est de même des tangentes des arcs plus petits que 45°, et des cotangentes des arcs compris entre 45° et 90; par suite, toutes ces lignes ont des logarithmes négatifs. Or, dans certaines tables, pour éviter les caractéristiques négatives, on a augmenté les logarithmes de 10 unités; mais cette addition est inutile, et, dans la pratique, il vaut mieux rétablir la vraie caractéristique.

41. Au point de vue de l'exactitude des calculs, ce sont les tables à 7 décimales qui sont les plus avantageuses : en calculant, par exemple, les angles d'un triangle, l'erreur totale commise n'atteint pas 0,2 de seconde, tandis que, avec les tables à 5 décimales, l'erreur peut s'élever à 18 secondes. Quant à l'emploi des petites ou des grandes tables, les résultats sont les mêmes; mais le travail est bien plus laborieux avec les premières. Les tables les plus commodes sont celles de Dupuis, où sont calculées toutes les parties proportionnelles. Au point de vue des applications pratiques, les tables à 5 décimales donnent toujours une approximation suffisante, et les calculs se font plus rapidement; il faut les préférer dans les questions d'Arpentage, de Physique et de Mécanique, et dans les problèmes où les données ne sont connues qu'avec 4 ou 5 chiffres exacts. On peut très-utilement se servir des tables de MM. BOURGET et F. RENÉ; outre que leur format les rend plus portatives, elles offrent une disposition très-favorable à la lecture et très-propre à faciliter les recherches.

42. Quelles que soient les tables dont on veut faire usage, il est indispensable de savoir résoudre les deux problèmes suivants : 1° trouver le logarithme d'une ligne trigonométrique correspondant à un arc donné; 2° trouver le plus petit arc correspondant à une ligne trigonométrique dont on connaît le logarithme. Il suffira de résoudre ces deux problèmes avec les tables de Lalande, étendues à 7 décimales, pour faire connaître la marche à suivre.

Problème I. *Trouver le logarithme d'une ligne trigonométrique correspondant à un arc donné.*

Si l'arc était plus grand que 90°, il faudrait d'abord le ramener au 1ᵉʳ quadrant (n° 16); prenons donc un arc moindre que 90°. Soit, par exemple, à trouver :

1° Le logarithme de $sin\,29°\,17'\,47''$.

L'arc étant plus petit que 45°, il faut chercher le nombre des degrés en haut des pages, et à celle où l'on trouve 29°, suivre en descendant la 1ʳᵉ colonne à gauche jusqu'à la ligne 17'. La table donne en regard le logarithme de $sin\,29°\,17'$, qui est $\overline{1},689\,423\,2$. La différence tabulaire 2252, placée entre ce logarithme et le logarithme immédiatement supérieur, indique que si l'arc augmentait de 60'', le logarithme augmenterait de 2252 unités du 7ᵉ ordre décimal; en considérant ces deux accroissements comme sensiblement proportionnels, on en conclut que le logarithme trouvé doit être augmenté des $\frac{47}{60}$ de 2252 ou de 1764 unités du 7ᵉ ordre décimal. Donc, le logarithme cherché est $\overline{1},689\,599\,6$.

Le calcul se dispose de la manière suivante :

$$log\,sin\,29°\,17' = \overline{1},689\,423\,2 \qquad \frac{2252 \times 47}{60} = 1764.$$
$$\text{pour } 47'' \qquad\qquad 1764$$
$$\overline{}$$
$$log\,sin\,29°\,17'\,47'' = \overline{1},689\,599\,6$$

Les tables de parties proportionnelles jointes aux tables de

Dupuis dispensent de faire la multiplication et la division indiquées. Voici comment se fait ce même caclul :

$$log\ sin\ 29°17'40'' = \overline{1},6895733 \qquad Diff.\quad 376.$$
$$pour\ 7'' \qquad\qquad 263$$
$$log\ sin\ 29°17'47'' = \overline{1},6895996.$$

2° *Trouver le logarithme de cos* 54°29'22'',5.

L'arc étant plus grand que 45°, il faut chercher le nombre des degrés en bas des pages, et à celle où l'on trouve 54°, remonter la première colonne à droite jusqu'à la ligne 29'. La table donne en regard le logarithme de $\overline{cos}$ 54° 29', qui est $\overline{1}$,7641311, et la différence tabulaire 1771. On conclut, comme dans le cas précédent, que si l'arc augmentait de 60'', le log. diminuerait de 1771 unités du septième ordre décimal. Donc, un accroissement de 22'',5 correspondra à une diminution des $\dfrac{22,5}{60}$ de 1771 ou 664 unités du septième ordre décimal. Le log. cherché est donc $\overline{1}$,7640647. Voici la disposition du calcul :

$$log\ cos\ 54°29' = \overline{1},7641311 \qquad \frac{-1771\times22,5}{60} = -664$$
$$pour\ 22'',5 \qquad -664$$
$$log\ cos\ 54°29'22'',5 = \overline{1},7640647$$

Problème II. *Trouver le plus petit arc correspondant à une ligne trigonométrique donnée.*

1° Soit, par exemple, à trouver l'arc x tel que :
$$log\ tg\ x = \overline{1},8754328.$$

Dans la colonne des tangentes, on trouve que le log. immédiatement inférieur au log. donné est $\overline{1}$,8752734; il correspond à l'arc de 36°53', et la différence tabulaire est de 2631 unités du septième ordre décimal. Or le log. proposé surpasse celui de la table de 1594; si l'on désigne par d le nombre de secondes, qu'il faudra ajouter à 36°53', on pourra écrire la proportion $\dfrac{d}{60} = \dfrac{1594}{2631}$, d'où $d = \dfrac{1594\times60}{2631} = 36,25$. L'angle demandé $x = 36°53'36'',35$. Ordinairement le calcul est ainsi disposé :

$$log\ tg\ x = \overline{1},8754328 \qquad \frac{1594\times60}{2631} = 36,35$$
$$log\ tg\ 36°53' = \overline{1},8752734$$
$$pour\ 36'',35 \qquad 1594$$
$$x = 36°53'36'',35.$$

En faisant usage des tables de *Dupuis*, les parties proportionnelles abrègent le calcul. Voici comment on dispose l'opération :

$$\log tg\ x = \overline{1},8754328 \qquad \text{Diff. } 439$$

$$\log tg\ 36°53'30'' = \overline{1},8754050 \qquad\qquad 278$$

$$\text{pour } 6'' \qquad 263 \qquad\qquad 15$$

$$\text{pour } 0,3 \qquad 13 \qquad\qquad 2$$

$$\text{pour } 0,05 \qquad 2$$

$$\log tg\ 36°53'36'',35 = \overline{1},8754327.$$

2° Soit encore : $\log.\ \cos x = \overline{1},6544147$.

En cherchant dans la table des *cosinus*, on trouve que le log. donné est compris entre le log. de $\cos 63°10'$ et celui de $63°11'$; l'arc cherché égale donc $63°10'$, augmenté d'une quantité proportionnelle à la différence tabulaire -2498. Or la différence entre le log. $\cos 63°10'$ et le log. donné est -1437; donc, il faudra ajouter à $63°10'$ la quantité $\dfrac{1437\times 60}{2498} = 36'',51$, et l'arc cherché est $x = 63°10'36'',51$.

On opère de même à l'égard des autres lignes trigonométriques : pour les *tang.*, on fait les mêmes calculs que pour les *sinus*, et pour les *cotang.*, les mêmes calculs que pour les *cosinus*.

Applications.

1° *Calculer le plus petit arc positif qui satisfait à l'équation :* $\sin x = \dfrac{2}{3}$.

En appliquant les logarithmes, on a :

$$\log \sin x = \log 2 - \log 3,$$

ou $\log \sin x = 0,3010300 - 0,47712125 = \overline{1},8239088$.

Or on a : $\log \sin 41°48'30'' = \overline{1},8238919$ (Diff. 236).

On trouve $7''$ pour 1690

Donc $x = 41°48'37''.$

2° *Trouver la plus petite valeur positive de* x *satisfaisant à l'équation :* $\sec^2 x = 3$.

On sait que $\sec^2 x = 1 + tg^2 x$.

Donc $1 + tg^2 x = 3$ ou $tg^2 x = 2$.

En appliquant les log. : $2 \, log \, tg \, x = log \, 2 = 0{,}301\,300$;

d'où $log \, tg \, x = 0{,}150\,5150$,   qui correspond à $54° \, 44' \, 8''$,

donc $x = 54° \, 44' \, 8''$.

3° *Trouver les arcs du premier quadrant qui satisfont à l'équation :* $3 \cot x + 2 \, tg \, x = 5$.

En remplaçant $\cot x$ par $\dfrac{1}{tg \, x}$,   l'équation devient :

$$\frac{3}{tg \, x} + 2 tg \, x = 5 \quad \text{ou} \quad 2 tg^2 x - 5 tg \, x + 3 = 0.$$

On en tire : $tg \, x = \dfrac{5 \pm \sqrt{25 - 24}}{4} = \dfrac{5 + 1}{4} = 1$ et $1{,}5$.

La solution $tg \, x = 1$ correspond à $x = 45°$.

La solution $tg \, x = 1{,}5$ donne $x = 56° \, 18' \, 35'', 6$.

4° *Calculer l'angle* x *tel que :* $tang \, x = tang \, A + tang \, B$, *sachant que* $A = 38° \, 24' \, 30''$ *et* $B = 49° \, 19' \, 40''$.

On a : $tg \, x = tg \, A + tg \, B$,   ou   (n° 32, formule 27) :

$$tg \, x = \frac{sin \, (A + B)}{cos \, A \; cos \, B} ;$$

donc, en appliquant les logarithmes :

$$log \, tg \, x = log \, sin \, (A + B) - log \, cos \, A - log \, cos \, B,$$

ou $log \, sin \, (A + B) = log \, sin \, 87° \, 44' \, 10'' = \overline{1}{,}999\,6609$

(On remplace les $colog \, cos \, A = 0{,}105\,9039$

log négatifs par les colog) $colog \, cos \, B = \underline{0{,}185\,9318}$

$log \, tg \, x \quad = 0{,}291\,4966$

Donc $x = 62° \, 55' \, 42'', 8$.

5° *Évaluer le plus petit arc positif qui satisfait à l'équation :* $\cos x = -\dfrac{3}{4}$.

Soit y le supplément de cet angle ; les $\cos$ de deux angles supplémentaires sont égaux et de signes contraires, on a donc :

$$\cos y = -\cos x = \frac{3}{4} ; \quad \text{d'où} \quad \log \cos y = \log 3 + \operatorname{colog} 4.$$

$$\log 3 = 0,477\,12125$$
$$\operatorname{colog} 4 = \overline{1},397\,94001$$

$$\log \cos y = \overline{1},875\,06126$$

d'où $\qquad\qquad\qquad y = 41° 24' 34'',6.$

Donc $\qquad\qquad x = 180° - y = 138° 35' 25'',4.$

6° *Calculer l'angle* x *compris entre* 0° *et* 90° *qui satisfait à l'équation :* $\sin x = \sin \mathrm{P} + \sin \mathrm{Q}$, *dans le cas où* $\mathrm{P} = 28° 19' 37'',4$ *et* $\mathrm{Q} = 16° 47' 3'',6$. (Sorbonne, 13 novembre 1860.)

On sait que $\quad \sin \mathrm{P} + \sin \mathrm{Q} = 2 \sin \dfrac{1}{2}(\mathrm{P} + \mathrm{Q}) \cos \dfrac{1}{2}(\mathrm{P} - \mathrm{Q})$.

Donc $\quad \sin x = 2 \sin \dfrac{1}{2}(45° 6' 41'') \cos \dfrac{1}{2}(11° 32' 33'',8)$,

d'où : $\qquad = 2 \sin 22° 23' 20'',5 \cos 5° 46' 16'',9 ;$

d'où $\log \sin x = \log 2 + \log \sin 22° 33' 20'',5 + \log \cos 5° 46' 16'',9.$

$$\log 2 = 0,301\,0300$$
$$\log \sin 22° 33' 20'',5 = \overline{1},583\,8554$$
$$\log \cos 5° 46' 16'',9 = \overline{1},997\,7931$$

$$\log \sin x = \overline{1},882\,6785$$

donc $\qquad\qquad\qquad x = 49° 45' 13''.$

7° *Résoudre :* $\sin x + \dfrac{17}{8} \cos x = -\dfrac{2}{3}$.

Comme il y a des tangentes de toutes les grandeurs, nous pouvons poser $\quad tg\, \varphi = \dfrac{17}{8}$, φ étant un angle auxiliaire. L'équation donnée deviendra $\quad \sin x \cos \varphi + \cos x \sin \varphi = -\dfrac{2}{3} \cos \varphi ;$

ou $\quad -\sin (x + \varphi) = \dfrac{2}{3} \cos \varphi.$

$$\text{Calcul de } \varphi \begin{cases} \log 17 = 1,230\,4489 \\ -\log\ 8 = 0,903\,0900 \\ \overline{\log tg\ \varphi = 0,327\,3589} \\ \varphi = 64^\circ\,47'\,56'' \end{cases} \quad \begin{aligned} \log \cos \varphi &= \overline{1},629\,2225 \\ \log 2 &= 0,301\,0300 \\ colog\ 3 &= \overline{1},522\,8788 \\ \hline \log\,[sin\,(x+\varphi)] &= \overline{1},453\,1313 \end{aligned}$$

Arc correspondant : $16^\circ\,29'\,30''$.

Or $sin\,(x+\varphi)$ est négatif; le plus petit arc positif répondant à ce sinus sera terminé dans le troisième quadrant.

Donc $(x+\varphi) = 196^\circ\,29'\,30''$;   d'où $x = 131^\circ\,41'\,34''$.

Le plus petit arc négatif sera

$$x = -\varphi - 16^\circ\,29'\,30'' = -81^\circ\,17'\,26''.$$

Les autres solutions sont tous les arcs déterminés par (n° 17) les formules $2K\pi + x$ et $(2K+1)\pi - x$.

CHAPITRE IV

RÉSOLUTION DES TRIANGLES

§ I. — Des triangles rectangles.

(Il est de convention de représenter les angles d'un triangle par les
lettres A, B, C, et les côtés opposés par les lettres correspondantes
a, b, c. Dans les triangles rectangles, A désigne toujours l'angle
droit, et a l'hypoténuse.)

43. Théorème I. *Dans un triangle rectangle, chaque côté
de l'angle droit est égal à l'hypoténuse multipliée par le
sinus de l'angle opposé au côté qu'on cherche, ou par le cosinus de l'angle adjacent à ce même côté.*

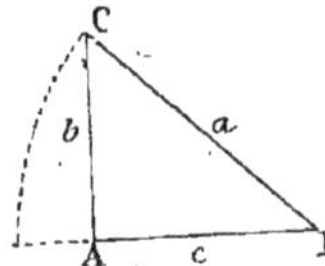

Fig. 35.

Soit le triangle rectangle ABC. Si du point
B comme centre, et avec BC pour rayon,
nous décrivons un arc de cercle, nous aurons
par définition (n° 2) :

$$\sin B = \frac{AC}{BC} = \frac{b}{a}; \quad \text{d'où} \quad b = a\sin B.$$

Les angles B et C étant complémentaires,
$\sin B = \cos C$, donc $b = a\cos C$. De même, $c = a\sin C$ et
$c = a\cos B$.

Remarque. Ce théorème est une application du théorème fondamental des projections (n° 23); car, chaque côté de l'angle
droit étant la projection de l'hypoténuse, on a immédiatement :

$$c = a\cos B \quad \text{et} \quad b = a\cos C;$$

d'où
$$c = a\sin C \quad \text{et} \quad b = a\sin B.$$

44. Théorème II. *Dans un triangle rectangle, chaque côté de l'angle droit est égal à l'autre côté multiplié par la tangente de l'angle opposé au côté qu'on cherche, ou par la cotangente de l'angle adjacent à ce même côté.*

En effet, si du point B comme centre et avec BA pour rayon, nous décrivons un arc de cercle, nous aurons par définition (n° 2) :

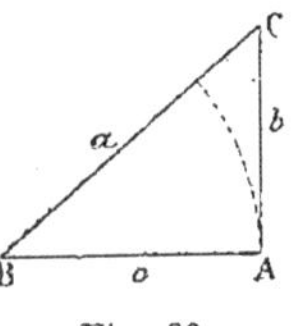

Fig. 36.

$$tg\,B = \frac{AC}{AB} = \frac{b}{c}; \quad \text{d'où} \quad b = c\,tg\,B.$$

Les angles B et C étant complémentaires, $tg\,B = cot\,C$; donc $b = c\,cot\,C$. De même, $c = b\,tg\,C$ et $c = b\,cot\,B$.

Remarque. Ce théorème peut se déduire du précédent; car les deux relations $b = a\,sin\,B$ et $c = a\,cos\,B$, donnent, en les divisant membre à membre, $\dfrac{b}{c} = \dfrac{sin\,B}{cos\,B} = tg\,B$.

Ces deux théorèmes suffisent pour résoudre un triangle rectangle, résolution qui peut présenter quatre cas, selon que l'on donne :

1° L'hypoténuse avec un angle aigu;

2° L'hypoténuse avec un côté de l'angle droit;

3° Un des côtés de l'angle droit avec un angle aigu;

4° Les deux côtés de l'angle droit.

45. 1er Cas. *On donne l'hypoténuse* a *et l'angle aigu* B; *et l'on demande l'angle* C *et les deux côtés* b *et* c.

L'angle C est le complément de l'angle B, donc

$$C = 90° - B.$$

Le 1er théorème (n° 43) donne pour les côtés de l'angle droit :

$$b = a\,sin\,B \quad \text{et} \quad c = a\,cos\,B.$$

46. 2e Cas. *On donne un des côtés de l'angle droit* b *et l'un des angles aigus,* B *par exemple; calculer l'autre angle aigu* C, *l'hypoténuse* a *et l'autre côté* c.

L'angle C est le complément de l'angle B, donc

$$C = 90° - B.$$

Le 1er théorème donne $b = a \, sin \, B$, donc

$$a = \frac{b}{sin \, B}.$$

Le 2e théorème donne $c = b \, cot \, B$.

47. 3e Cas. *On donne l'hypoténuse* a *avec un côté* b *de l'angle droit; calculer les angles* B *et* C *et le côté* c.

On a, par définition, $sin \, B = cos \, C = \dfrac{b}{a}$.

Le côté c est donné par la formule $c = \sqrt{a^2 - b^2}$. Pour rendre cette formule calculable par logarithmes, il suffit de remplacer sous le radical $a^2 - b^2$ par $(a+b)(a-b)$, et l'on a $c = \sqrt{(a+b)(a-b)}$.

Remarque. La formule $sin \, B = cos \, C = \dfrac{b}{a}$ donne une approximation insuffisante lorsque b diffère peu de a, car le rapport $\dfrac{b}{a}$ étant très-voisin de 1, l'angle B diffère peu de 90°, et l'angle C de 0°; ces angles sont mal déterminés (n° 40, *Rem.* I). Il est préférable d'employer la formule :

$$tg \, \frac{1}{2} C = \sqrt{\frac{1 - cos \, C}{1 + cos \, C}} \quad \text{(formule 18)},$$

Et comme on a $cos \, C = \dfrac{b}{a}$, il en résulte :

$$tg \, \frac{1}{2} C = \sqrt{\frac{1 - \dfrac{b}{a}}{1 + \dfrac{b}{a}}} = \sqrt{\frac{a - b}{a + b}}.$$

Cette formule présente encore un autre avantage, celui de ne demander que la recherche des logarithmes de $a + b$ et de $a - b$, les mêmes qui servent à calculer c.

48. 4e Cas. *On donne les deux côtés de l'angle droit* b *et* c; *calculer les angles* B *et* C *et l'hypoténuse* a.

Les angles aigus sont donnés par la formule (n° 44) :

$$tg \, B = cot \, C = \frac{b}{c}.$$

On pourrait ensuite calculer l'hypoténuse au moyen de la relation $a^2 = b^2 + c^2$; mais il est préférable d'employer la formule *logarithmique* $a = \dfrac{b}{sin\,\mathrm{B}}$; car, l'angle B étant connu par sa tangente, on peut avoir facilement $sin\,\mathrm{B}$.

Exemples numériques pour indiquer la disposition des calculs.

Dans les exemples suivants, deux cas se rapportent à un même triangle et servent de vérification. Le calcul est fait avec les tables à 5 décimales.

1ᵉʳ Cas.

$$\text{Données} \begin{cases} \mathrm{A} = 90° \\ a = 1\,254^{\mathrm{m}} \\ \mathrm{B} = 42° \, 48'. \end{cases}$$

$$\mathrm{C} = 90° - \mathrm{B} = 90° - 42° \, 48' = 47° 12'.$$

$$\text{Formules} \begin{cases} b = a\,sin\,\mathrm{B}. \quad Log\,b = log\,a + log\,sin\,\mathrm{B}. \\ c = a\,cos\,\mathrm{B}. \quad Log\,c = log\,a + log\,cos\,\mathrm{B}. \end{cases}$$

$log\,a = 3{,}098\,30$	$log\,a = 3{,}098\,30$
$log\,sin\,\mathrm{B} = \bar{1}{,}832\,15$	$log\,cos\,\mathrm{B} = \bar{1}{,}865\,54$
$2{,}930\,45$	$2{,}963\,84$
$b = 852^{\mathrm{m}}{,}02$	$c = 920^{\mathrm{m}}{,}08$

2ᵉ Cas.

$$\text{Données} \begin{cases} \mathrm{A} = 90° \\ b = 852^{\mathrm{m}}{,}02 \\ \mathrm{B} = 42° \, 48' \end{cases}$$

$$c = 90° - \mathrm{B} = 90° - 42° \, 48' = 47° \, 12'$$

$$\text{Formules} \begin{cases} a = \dfrac{b}{sin\,\mathrm{B}}. \quad Log\,a = log\,b - log\,sin\,\mathrm{B} \\ c = b\,cot\,\mathrm{B}. \quad Log\,c = log\,b + log\,cot\,\mathrm{B} \end{cases}$$

$log\,b = 2{,}930\,45$	$log\,b = 2{,}930\,45$
$log\,sin\,\mathrm{B} = \bar{1}{,}832\,15$	$log\,cot\,\mathrm{B} = 0{,}033\,38$
$3{,}098\,30$	$2{,}963\,83$
$a = 1\,254^{\mathrm{m}}$	$c = 920^{\mathrm{m}}{,}08$

3ᵉ Cas.

$$\text{Données} \begin{cases} \mathrm{A} = 90° \\ a = 397^{\mathrm{m}}{,}70 \\ b = 388^{\mathrm{m}} \end{cases}$$

$$\text{Formules} \begin{cases} c = \sqrt{(a+b)(a-b)}. \quad log\,c = \dfrac{1}{2}[log\,(a+b) + log\,(a-b)]. \\ tg\,\dfrac{1}{2}\mathrm{C} = \sqrt{\dfrac{a-b}{a+b}}. \quad Log\,tg\,\dfrac{1}{2}\mathrm{C} = \dfrac{1}{2}[log\,(a-b) - log\,(a+b)]. \end{cases}$$

$$\text{Calculs auxiliaires} \left\{ \begin{array}{l} a+b=785^m,7 \\ a-b=\ \ \ 9^m,7 \end{array} \right.$$

$$
\begin{array}{l}
log\,(a+b)=2,895\,26 \\
log\,(a-b)=0,986\,77 \\ \hline
\qquad\qquad\ \ 3,882\,03 \\
log\,c=1,944\,01 \\
\quad\ c=\ \ \ 87^m\,30
\end{array}
\qquad
\begin{array}{l}
\ \ log\,(a-b)=0,986\,77 \\
-\,log\,(a+b)=2,895\,26\ . \\ \hline
\qquad\qquad\ \ \overline{2},094\,51 \\
log\,tg\,\tfrac{1}{2}C=\overline{1},045\,75 \\
\qquad\ \tfrac{1}{2}C=6^o\,20'\,25'' \\
C=12^o\,40'\,50'',\ \ B=77^o\,19'\,10''.
\end{array}
$$

4e Cas.

$$\text{Données} \left\{ \begin{array}{l} A=90^o \\ b=388^m \\ c=87^m,30 \end{array} \right.$$

$$\text{Formules} \left\{ \begin{array}{ll} tg\,B=\dfrac{b}{c}. & Log\,tg\,B=log\,b-log\,c\,. \\[2ex] a=\dfrac{b}{sin\,B}. & Log\,a=log\,b-log\,sin\,B. \end{array} \right.$$

$$
\begin{array}{l}
\quad log\,b=2,588\,83 \\
-\,log\,c=1,944\,02 \\ \hline
\qquad\quad\ 0,647\,81 \\
B=77^o\,19'\,10'',\ \ C=12^o\,40'\,50''.
\end{array}
\qquad
\begin{array}{l}
\quad log\,b=2,588\,83 \\
-\,log\,sin\,B=\overline{1},989\,27 \\ \hline
\qquad\qquad\ 2,599\,56 \\
\qquad a=397^m,70\,.
\end{array}
$$

Applications.

1° *Résoudre un triangle rectangle, connaissant l'hypoténuse et le rapport des deux autres côtés.*

Le rapport des deux autres côtés est égal à la tangente de l'un des angles aigus; donc,

$$\frac{b}{c}=tg\,B;$$

le problème est ramené au 1er cas.

2° *Résoudre un triangle rectangle, connaissant l'hypoténuse a et la hauteur correspondante h.* (Sorbonne, 15 juillet 1869.)

1re Solution. On a les deux relations :

$$b^2 + c^2 = a^2$$
$$2\,bc = 2\,ah,$$

(Chacun des deux membres de cette dernière équation exprime le quadruple de la surface du triangle.)

Ajoutant et retranchant membre à membre, il vient :

$$(b+c)^2 = a^2 + 2\,ah$$

et

$$(b-c)^2 = a^2 - 2\,ah;$$

d'où $\quad b+c = \sqrt{a(a+2h)} \quad$ et $\quad b-c = \sqrt{a(a-2h.)}$

Connaissant la somme et la différence des côtés de l'angle droit, on obtient aisément ces deux côtés et l'on est ramené au 4e cas.

2e Solution. On a $\quad bc = ah;\quad$ or $\quad b = a\,sin\,B\quad$ et $\quad c = a\,cos\,B$,

donc $\quad bc = a^2\,sin\,B\,cos\,B, \quad$ ou $\quad ah = a^2\,sin\,B\,cos\,B,$

ou $\quad 2\,ah = a^2\,sin\,2\,B; \quad$ d'où $\quad sin\,2\,B = \dfrac{2\,h}{a}.$

L'angle 2B étant connu, on en déduit l'angle B, et le calcul s'achève aisément.

3° *Résoudre un triangle rectangle, connaissant les projections b′ et c′ des côtés de l'angle droit sur l'hypoténuse.*

Soit h la hauteur, l'hypoténuse étant prise pour base. On a $h^2 = b'.c'$; d'ailleurs $a = b' + c'$; on a donc, comme dans le problème précédent, à résoudre un triangle rectangle, connaissant l'hypoténuse $b' + c'$ et la hauteur correspondante $\sqrt{b'.c'}$.

4° *Résoudre un triangle, connaissant l'hypoténuse a et la différence d des côtés de l'angle droit.*

On a : $\qquad\qquad b = a\,sin\,B$

et $\qquad\qquad c = a\,sin\,C;$

donc $b - c$ ou $d = a(sin\,B - sin\,C) = 2a\,sin\,\dfrac{1}{2}(B - C)\,cos\,\dfrac{1}{2}(B + C)$

(formule 22). Or $\dfrac{1}{2}(B + C) = 45°$, donc $cos\,\dfrac{1}{2}(B + C) = \dfrac{1}{2}\sqrt{2}$;

par suite, $\qquad\qquad d = a\sqrt{2}\,sin\,\dfrac{1}{2}(B - C);$

d'où $\qquad\qquad sin\,\dfrac{1}{2}(B - C) = \dfrac{d}{a\sqrt{2}}.$

Cette formule donnera $\frac{1}{2}(B-C)$, et comme on connaît $\frac{1}{2}(B+C)=45^\circ$, on obtient aisément B et C. On aura ensuite b et c par les équations du théorème 1er.

5° *Résoudre un triangle rectangle, connaissant l'hypoténuse* a *et le rayon* r *du cercle inscrit.*

On sait que la somme des côtés de l'angle droit égale l'hypoténuse plus deux fois le rayon du cercle inscrit (*Géométrie*, liv. II, prob. 17). On est donc conduit à résoudre un triangle rectangle dont on connaît l'hypoténuse a et la somme $a+2r$ des côtés de l'angle droit. En opérant comme dans le problème précédent, on trouve la formule $\cos\frac{1}{2}(B-C)=\dfrac{a+2r}{a\sqrt{2}}$ qui donne $\frac{1}{2}(B-C)$;

d'ailleurs $\frac{1}{2}(B+C)=45^\circ$, on en conclut aisément B et C; puis les deux côtés b et c.

6° *Résoudre un triangle rectangle, connaissant un angle aigu* C *et la somme* a+b=2m *des deux côtés adjacents.*

Soit x l'autre côté. On a :

$$x^2=a^2-b^2=(a+b)(a-b)=2m(a-b);$$

donc
$$a-b=\frac{x^2}{2m} \quad\text{et}\quad a+b=2m,$$

par suite :
$$a=\frac{4m^2+x^2}{4m}.$$

Mais $\quad x=a\,\sin C$, donc $\quad x=\dfrac{4m^2+x^2}{4m}\cdot\sin C,$

équation du 2° degré, qui, ordonnée par rapport à x, devient :

$$x^2\sin C-4mx+4m^2\sin C=0.$$

On en tire :

$$x=\frac{2m\pm\sqrt{4m^2-4m^2\sin^2 C}}{\sin C} \quad\text{ou}\quad x=\frac{2m\pm 2m\sqrt{1-\sin^2 C}}{\sin C}$$

En prenant le radical avec le 1er signe, on a :

$$x' = \frac{2m\,(1+cos\ C)}{sin\ C} = \frac{2m \cdot 2\,cos^2\frac{1}{2}C}{2\,sin\frac{1}{2}C\,cos\frac{1}{2}C}$$

ou $$x' = 2m\,cotg\,\frac{1}{2}C\,;$$

avec le 2e signe, on a de même :

$$x'' = \frac{2m\,(1-cos\ C)}{sin\ C} = \frac{2m \cdot 2\,sin^2\frac{1}{2}C}{2\,sin\frac{1}{2}C\,cos\frac{1}{2}C}$$

ou $$x'' = 2m\,tg\,\frac{1}{2}C\,.$$

§ II. — Des triangles quelconques.

49. Théorème 1. *Dans un triangle, les côtés sont proportionnels aux sinus des angles opposés.*

Soit le triangle ABC. Menons du sommet C une perpendiculaire sur le côté opposé ; cette perpendiculaire peut tomber sur AB (fig. 37) ou sur son prolongement (fig. 38).

Dans le 1er cas, les triangles rectangles CAD et CBD donnent :

Fig 37.   Fig. 38.

$$CD = b\,sin\,A \quad \text{et} \quad CD = a\,sin\,B\,;$$

on en conclut :

$$b\,sin\,A = a\,sin\,B\,; \quad \text{d'où} \quad \frac{a}{sin\,A} = \frac{b}{sin\,B}\cdot$$

Dans le 2e cas, on a également $CD = b\,sin\,A$, car les angles *supplémentaires* en A ont même sinus (n° 15, 5°), et $CD = a\,sin\,B$.

Donc, $$\frac{a}{sin\,A} = \frac{b}{sin\,B}\cdot$$

On trouverait de même $a \sin C = c \sin A$, par conséquent :

$$\frac{a}{\sin A} = \frac{b}{\sin B} = \frac{c}{\sin C}.$$

50. Théorème II. *Dans un triangle, le carré d'un côté est égal à la somme des carrés des deux autres côtés, moins deux fois le produit de ces côtés multiplié par le cosinus de l'angle qu'ils comprennent.*

Soit CD la perpendiculaire abaissée du sommet C sur AB.

1° Si l'angle A est aigu (fig. 37), on a (*Géométrie,* n° 216) :

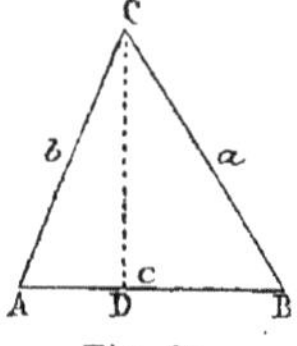

Fig. 37.   Fig. 38.

$$a^2 = b^2 + c^2 - 2c \times AD.$$

Or $AD = b \cos A$, donc

$$a^2 = b^2 + c^2 - 2bc \cos A.$$

2° Si l'angle A est obtus (fig. 38), on a :

$$a^2 = b^2 + c^2 + 2c \times AD;$$

or $AD = b \cos DAC$; de plus, les angles en A étant supplémentaires, $\cos DAC = - \cos A$; donc $AD = - b \cos A$, et par suite :

$$a^2 = b^2 + c^2 - 2bc \cos A.$$

Remarque. Ce théorème donne les trois relations suivantes entre les six éléments d'un triangle :

$$\left.\begin{array}{l} a^2 = b^2 + c^2 - 2bc \cos A. \\ b^2 = a^2 + c^2 - 2ac \cos B. \\ c^2 = a^2 + b^3 - 2ab \cos C. \end{array}\right\} \quad (1)$$

On pourrait encore déduire d'autres relations : par exemple, en remarquant (fig. 37) que $c = BD + AD$ et que $BD = a \cos B$, $AD = b \cos A$, on a :

On obtiendrait de même : et

$$\left.\begin{array}{l} c = a \cos B + b \cos A \\ a = b \cos C + c \cos B \\ b = a \cos C + c \cos A \end{array}\right\} \quad (2)$$

En joignant aux équations (1) : la relation :

$$\left.\begin{array}{l} \dfrac{a}{\sin A} = \dfrac{b}{\sin B} = \dfrac{c}{\sin C} \\ A + B + C = 180° \end{array}\right\} \quad (3)$$

on a trois systèmes d'équations pour résoudre un triangle; mais un triangle étant déterminé par trois éléments (l'un d'eux au moins étant un côté), les relations (3) sont les seules *distinctes* qui puissent exister entre les six éléments. On vérifie facilement, en effet, que de chacun de ces trois systèmes on peut déduire les deux autres. Nous proposons cette vérification comme exercice (*Probl.* 345 et 346).

51. Il y a quatre cas principaux dans la résolution d'un triangle quelconque, selon que l'on donne :

1° Un côté et deux angles ;
2° Deux côtés et l'angle opposé à l'un d'eux ;
3° Deux côtés et l'angle compris ;
4° Les trois côtés.

52. **1er Cas.** *On donne un côté* a *et deux angles* B *et* C ; *on demande l'angle* A *et les côtés* b *et* c.

L'angle A est le supplément de la somme des angles B et C,

donc $$A = 180° - (B + C).$$

Les relations obtenues entre les côtés et les sinus des angles opposés (n° 49) donnent :

$$b = \frac{a \, sin \, B}{sin \, A} \quad \text{et} \quad c = \frac{a \, sin \, C}{sin \, A},$$

formules qui permettent de calculer b et c.

53. **2e Cas.** *On donne deux côtés* a *et* b *et l'angle* A *opposé à l'un d'eux ; on demande les deux angles* B *et* C *et le* 3e *côté* c.

On obtient d'abord l'angle B par la formule : $sin \, B = \dfrac{b \, sin \, A}{a}$;

on a ensuite $C = 180° - (A + B)$ et enfin $c = \dfrac{a \, sin \, C}{sin \, A}$.

54. **Discussion.** L'angle B est donné par la formule :

$$sin \, B = \frac{b \, sin \, A}{a}.$$

Pour que le problème soit possible, il faut que l'on ait $sin \, B = 1$ ou $sin \, B < 1$. Dans la 1re hypothèse, B = 90° et l'on a $a = b \, sin \, A$, c'est la perpendiculaire CD (n° 43) ; le problème n'admet évidemment qu'une solution.

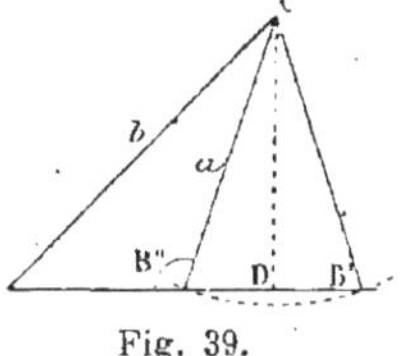

Fig. 39.

Dans la 2e hypothèse, on a $b \, sin \, A < a$; or l'angle B étant donné par son sinus, il existe deux valeurs qui y correspondent, l'une B′ moindre que 90° et l'autre B″

supplémentaire. On aura alors pour le 3ᵉ angle $C' = 180° - (A + B')$ ou $C'' = 180° - (A + B'')$; les deux solutions seront admissibles si l'on a $A + B' < 180°$ et $A + B'' < 180°$. Voyons dans quel cas cette dernière condition est remplie.

1ᵉʳ CAS. *L'angle* A *est droit ou obtus.* L'angle B'' étant obtus, il est évident que sa valeur est à rejeter. Pour que celle de B' puisse convenir, il faut que l'on ait $A + B' < 180°$, d'où il résulte $B' < 180° - A$, et par suite, $\sin B' < \sin A$, ou en remplaçant B' par sa valeur $\dfrac{b \sin A}{a}$ et simplifiant, $a > b$. Donc, lorsque l'angle donné est droit ou obtus, *on ne peut avoir qu'une solution,* et le problème n'est possible que si l'on a $a > b$.

2ᵉ CAS. *L'angle* A *est aigu.* Dans ce cas, la condition $A + B' < 180°$ est remplie, et la valeur B' convient *toujours.* Quant à la valeur B'', elle conviendra également si l'on a $A + B'' < 180°$, d'où $A < 180° - B''$, et par suite $\sin A < \sin B''$; on en conclut comme précédemment $a < b$. Quand cette dernière condition est remplie, *on a deux solutions;* il n'y en aurait qu'une dans le cas contraire $a > b$. Donc, lorsque l'angle donné est aigu, le *problème est toujours possible;* mais il n'admet *deux solutions que quand on a* $a < b$, et ces deux solutions se réduisent à une lorsque $a = b \sin A$.

En résumé, il ne peut y avoir deux solutions que *si l'angle donné est aigu, et en même temps, le côté opposé à cet angle plus petit que le côté adjacent.* Il est essentiel d'examiner les données du problème avant de commencer les calculs, afin d'éviter des opérations inutiles.

On peut retrouver les résultats précédents en discutant l'équation $a^2 = b^2 + c^2 - 2bc \cos A$, résolue par rapport à c. (*Voir le problème* 348.)

55. **3ᵉ Cas.** *On donne deux côtés* a *et* b *et l'angle compris* C.

On connaît déjà la somme $A + B$ des angles à déterminer, car l'angle C en est le supplément; cherchons à obtenir leur différence.

La relation $\dfrac{a}{\sin A} = \dfrac{b}{\sin B}$ donne (nᵒ 31, formule 26) :

$$\frac{a - b}{a + b} = \frac{\sin A - \sin B}{\sin A + \sin B} = \frac{tg \frac{1}{2}(A - B)}{tg \frac{1}{2}(A + B)}$$

Or $\frac{1}{2}(A+B)=90^\circ-\frac{1}{2}C$, donc $tg\frac{1}{2}(A+B)=cot\frac{1}{2}C$; par suite $tg\frac{1}{2}(A-B)=\frac{a-b}{a+b}cot\frac{1}{2}C$.

Connaissant $\frac{1}{2}(A+B)$ et $\frac{1}{2}(A-B)$ on en déduit A et B par une addition et une soustraction.

Enfin on calculera le côté c au moyen de la formule :

$$c=\frac{a\,sin\,C}{sin\,A}.$$

56. On peut d'ailleurs calculer directement le côté c par une formule qui ne demande que deux nouveaux logarithmes au lieu de trois.

De $\frac{c}{sin\,C}=\frac{b}{sin\,B}=\frac{a}{sin\,A}$ on tire : $\frac{c}{sin\,C}=\frac{a+b}{sin\,A+sin\,B}$

ou $$\frac{c}{2\,sin\frac{1}{2}C\,cos\frac{1}{2}C}=\frac{a+b}{2\,sin\frac{1}{2}(A+B)\,cos\frac{1}{2}(A-B)}.$$

Or $\frac{1}{2}(A+B)=90^\circ-\frac{1}{2}C$, donc $sin\frac{1}{2}(A+B)=cos\frac{1}{2}C$, et la formule devient :

$$\frac{c}{sin\frac{1}{2}C}=\frac{a+b}{cos\frac{1}{2}(A-B)}.$$

Remarque. Si, comme il arrive souvent dans la pratique, a et b ne sont donnés que par leurs logarithmes, on peut éviter de remonter aux nombres a et b. Reprenons la formule :

$$tg\frac{1}{2}(A-B)=\frac{a-b}{a+b}cot\frac{1}{2}C=\frac{1-\dfrac{b}{a}}{1+\dfrac{b}{a}}cot\frac{1}{2}C,$$

et posons $tg\,\varphi=\dfrac{b}{a}$; on aura :

$$tg\frac{1}{2}(A-B)=\frac{1-tg\,\varphi}{1+tg\,\varphi}cot\frac{1}{2}C=\frac{tg\,45^\circ-tg\,\varphi}{tg\,45^\circ+tg\,\varphi}cot\frac{1}{2}C,$$

2*

ou enfin $\quad tg\,\frac{1}{2}(A-B)=tg\,(45°-\varphi)\cot\frac{1}{2}C.\quad$ (*Voir* n° 67, 3°. *Calcul du triangle* DAC.)

57. 4ᵉ Cas. *On donne les trois côtés* a, b, c *d'un triangle, et l'on demande les trois angles* A, B, C.

On peut déduire les angles des formules (2) (n° 50). Par exemple: $a^2=b^2+c^2-2bc\cos A$, donne :

$$\cos A=\frac{b^2+c^2-a^2}{2bc}.$$

Pour rendre cette formule calculable par logarithmes, ajoutons 1 aux deux membres, il vient :

$$1+\cos A=1+\frac{b^2+c^2-a^2}{2bc}=\frac{b^2+2bc+c^2-a^2}{2bc}.$$

ou $\quad 1+\cos A=\frac{(b+c)^2-a^2}{2bc}=\frac{(b+c+a)(b+c-a)}{2bc}.$

Mais $1+\cos A=2\cos^2\frac{1}{2}A$, donc $2\cos^2\frac{1}{2}A=\frac{(b+c+a)(b+c-a)}{2bc}$;

d'où, divisant par 2 et extrayant la racine,

$$\cos\frac{1}{2}A=\sqrt{\frac{(b+c+a)(b+c-a)}{4bc}}.$$

Désignons par $2p$ le périmètre du triangle, nous aurons :

$$a+b+c=2p,$$
$$b+c-a=2(p-a),$$
$$a+c-b=2(p-b),$$
$$a+b-c=2(p-c),$$

et par suite : $\quad\cos\frac{1}{2}A=\sqrt{\dfrac{p(p-a)}{bc}}$

On a de même $\quad\cos\frac{1}{2}B=\sqrt{\dfrac{p(p-b)}{ac}}\quad\left.\begin{array}{c}\\\\\\\end{array}\right\}\quad$ (1)

$$\cos\frac{1}{2}C=\sqrt{\dfrac{p(p-c)}{ab}}$$

En retranchant de l'unité la formule à transformer, on a pareillement :

$$1-\cos A=1-\frac{b^2+c^2-a^2}{2bc}=\frac{a^2-b^2-c^2+2bc}{2bc}$$

ou $\quad 1-\cos A=\frac{a^2-(b-c)^2}{2bc}=\frac{(a+b-c)(a+c-b)}{2bc};$

d'où
$$sin \tfrac{1}{2}A = \sqrt{\frac{(a+b-c)(a+c-b)}{4bc}};$$

ou bien

$$sin \tfrac{1}{2}A = \sqrt{\frac{(p-b)(p-c)}{bc}}$$

On trouverait de même : $sin \tfrac{1}{2}B = \sqrt{\dfrac{(p-a)(p-c)}{ac}}$ (2)

$$sin \tfrac{1}{2}C = \sqrt{\frac{(p-a)(p-b)}{ab}}$$

En divisant les formules (2) par les formules (1), on obtient :

$$tg \tfrac{1}{2}A = \sqrt{\frac{(p-b)(p-c)}{p(p-a)}}$$

$$tg \tfrac{1}{2}B = \sqrt{\frac{(p-a)(p-c)}{p(p-b)}} \qquad (3)$$

$$tg \tfrac{1}{2}C = \sqrt{\frac{(p-a)(p-b)}{p(p-c)}}$$

Remarques. I. Dans toutes ces formules, les radicaux doivent être pris positivement, parce que la moitié d'un angle quelconque d'un triangle est toujours moindre que 90°, et que dans le 1er quadrant, toutes les lignes trigonométriques sont positives. Si l'on n'a qu'un angle à déterminer, on peut se servir indifféremment des formules (1), (2) ou (3); mais si l'on doit calculer les trois angles, il est préférable d'employer les formules (3), qui demandent seulement quatre logarithmes au lieu de six ou sept, et qui donnent des résultats plus exacts (n° 40, *Rem. I*).

II. On peut mettre les formules (3) sous une forme extrêmement simple, et d'un usage très-commode pour le calcul logarithmique. A cet effet, cherchons d'abord à exprimer, en fonction des côtés, la valeur du rayon r du cercle inscrit dans un triangle ABC. Les tangentes menées d'un point à un cercle étant égales, AD = AF, BD = BE et CE = CF. Par suite, on peut écrire l'identité : AD = (AD + CE + EB) — BC ou AD = p — a. Mais dans le triangle rectangle

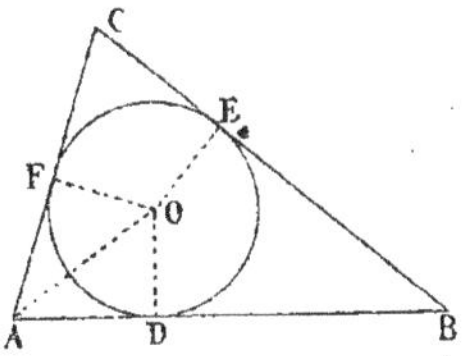

Fig. 40.

AOD, l'angle DAO = $\tfrac{1}{2}$A ; de plus OD = AD tg DAO ;

c'est-à-dire
$$r = (p-a)\,tg\,\tfrac{1}{2}A$$

d'où
$$tg\,\tfrac{1}{2}A = \frac{r}{p-a}.$$

De même,
$$tg\,\tfrac{1}{2}B = \frac{r}{p-b}$$

et
$$tg\,\tfrac{1}{2}C = \frac{r}{p-c}.$$

Ces formules ne sont autres que les formules (3), où l'on a

écrit :
$$r = \sqrt{\frac{(p-a)(p-b)(p-c)}{p}}.$$

58. Discussion. Dans les formules (1), (2) et (3), la quantité placée sous chaque radical doit être positive; et de plus, à l'égard des formules (1) et (2), elle doit être moindre que l'unité.

Or a, b, c et p étant positifs, la condition de *réalité* sera remplie, si les autres facteurs sont positifs ou si deux facteurs sont négatifs; mais cette dernière hypothèse est inadmissible; car en supposant, par exemple, $p-a<0$ et $p-b<0$, on en conclurait $2p<a+b$, c'est-à-dire $a+b+c<a+b$ ou $c<0$, ce qui est absurde. Il faut donc que l'on ait $p-a>0$, $p-b>0$, $p-c>0$ ou $a<b+c$, $b<a+c$ et $c<a+b$.

En second lieu, pour que l'expression de $sin\,\tfrac{1}{2}A$, par exemple, soit moindre que 1, il faut avoir $\dfrac{(p-b)(p-c)}{bc}<1$ ou $(p-b)(p-c)<bc$, c'est-à-dire $p^2-p(b+c)+bc<bc$, ou en simplifiant et divisant par p : $p-(b+c)<0$ ou $a<b+c$.

De même, pour que l'expression de $cos\,\tfrac{1}{2}A$ soit moindre que 1, il faut avoir $\dfrac{p(p-a)}{bc}<1$ ou $p(p-a)<bc$. En remplaçant p par sa valeur, il vient successivement :
$$(a+b+c)(b+c-a)<4bc \text{ ou } (b+c)^2-a^2<4bc,$$
ou $(b+c)^2-4bc<a^2$, ou enfin $(b-c)^2<a^2$, et par suite :
$$b-c<a, \quad \text{d'où} \quad b<a+c$$
ou
$$c-b<a, \quad \text{d'où} \quad c<a+b.$$

C'est la condition étudiée en Géométrie : *dans un triangle, chaque côté est plus petit que la somme des deux autres.*

§ III. — Surface des triangles.

59. Soit le triangle ABC (fig. 41) dont on veut trouver la surface.

Abaissons du sommet A, la perpendiculaire AD sur le côté opposé. Si l'on représente par S la surface cherchée, on a :

$$S = \frac{1}{2} a \times AD.$$

Or le triangle rectangle ADC donne $AD = b \sin C$; donc

$$S = \frac{1}{2} ab \sin C \quad (1)$$

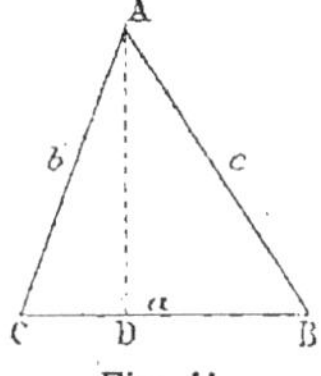

Fig. 41.

(Cette formule répond au 3° cas de la résolution des triangles.)

En général : *La surface d'un triangle égale la moitié du produit de deux côtés, multiplié par le sinus de l'angle compris.*

60. Dans la formule (1), remplaçons b par sa valeur $b = \dfrac{a \sin B}{\sin A}$, il vient :

$$S = \frac{1}{2} a^2 \frac{\sin B \sin C}{\sin A},$$

ou bien, en remarquant que $\sin A = \sin (B + C)$,

$$S = \frac{1}{2} a^2 \cdot \frac{\sin B \sin C}{\sin (B + C)} \quad (2)$$

(Cette formule répond au 1er cas des triangles quelconques.)

En général : *La surface d'un triangle égale la moitié du carré d'un côté, multipliée par le produit des sinus des angles adjacents et divisée par le sinus de la somme de ces mêmes angles.*

61. La surface d'un triangle étant exprimée par $\frac{1}{2} bc \sin A$, remplaçons $\sin A$ par $2 \sin \frac{A}{2} \cos \frac{A}{2}$, nous aurons :

$$S = bc \sin \tfrac{1}{2} A \cos \tfrac{1}{2} A$$

Or nous avons vu (n° 57) que :

$$sin \tfrac{1}{2}A = \sqrt{\frac{(p-b)(p-c)}{bc}} \quad \text{et} \quad cos \tfrac{1}{2}A = \sqrt{\frac{p(p-a)}{bc}}$$

donc

$$S = bc\sqrt{\frac{p(p-a)(p-b)(p-c)}{(bc)^2}} = \sqrt{p(p-a)(p-b)(p-c)} \qquad (3)$$

(Cette formule répond au 4ᵉ cas des triangles quelconques; elle est discutée dans la 1ʳᵒ partie du n° 58.)

62. Surface du triangle en fonction du périmètre et des angles. En multipliant membre à membre les formules (3) du n° 57

$$tg \tfrac{1}{2}A = \sqrt{\frac{(p-b)(p-c)}{p(p-a)}}$$

$$tg \tfrac{1}{2}B = \sqrt{\frac{(p-a)(p-c)}{p(p-b)}}$$

$$tg \tfrac{1}{2}C = \sqrt{\frac{(p-a)(p-b)}{p(p-c)}},$$

on a :

$$tg \tfrac{1}{2}A \; tg \tfrac{1}{2}B \; tg \tfrac{1}{2}C = \sqrt{\frac{(p-a)(p-b)(p-c)}{p^3}} = \frac{1}{p^2}\sqrt{p(p-a)(p-b)(p-c)}$$

d'où, faisant passer $\dfrac{1}{p^2}$ dans le 1ᵉʳ membre, et remplaçant le radical par S, il vient :

$$S = p^2 \; tg \tfrac{1}{2}A \; tg \tfrac{1}{2}B \; tg \tfrac{1}{2}C.$$

C'est-à-dire que *la surface d'un triangle égale le carré du demi-périmètre multiplié par le produit des tangentes des moitiés des angles.*

Remarque. Dans le cas d'un triangle rectangle, les formules qui donnent la surface deviennent : $S = \tfrac{1}{2}bc$; $S = \dfrac{a^2 \, sin \, 2B}{4}$ et $S = \dfrac{b^2 \, cot \, B}{2}$.

Exemples numériques pour indiquer.
la disposition des calculs.

1er Cas.

$$\text{Données.} \quad \begin{cases} a = 4562^{\mathrm{m}} \\ B = 35°45'20'' \\ C = 42°27'40'' \end{cases}.$$

$$A = 180° - (B+C) = 101°47'.$$

$$\text{Formules} \quad \begin{cases} b = \dfrac{a\,sin\,B}{sin\,A}. \quad Log\ b = log\ a + log\ sin\ B + colog\ sin\ A. \\[2mm] c = \dfrac{a\,sin\,C}{sin\,A}. \quad Log\ c = log\ a + log\ sin\ C + colog\ sin\ A. \end{cases}$$

$$
\begin{array}{c|c}
\begin{aligned}
log\ a &= 3,6951553 \\
log\ sin\ B &= \bar{1},7666576 \\
colog\ sin\ A &= 0,0092498 \\
\hline
&3,4350627 \\
b &= 2723^{\mathrm{m}},094
\end{aligned}
&
\begin{aligned}
log\ a &= 3,6951553 \\
log\ sin\ C &= \bar{1},8293615 \\
colog\ sin\ A &= 0,0092498 \\
\hline
&3,4977666 \\
c &= 3146^{\mathrm{m}},06
\end{aligned}
\end{array}
$$

Calcul de la surface : $\quad S = \dfrac{1}{2}a^2\,\dfrac{sin\,B.\,sin\,C}{sin\,A}.$

$$Log\ S = 2\,log\ a + log\ sin\ B + log\ sin\ C + colog\ sin\ A + colog\ 2.$$

$$
\begin{aligned}
2\ log\ a &= 7,3183106 \\
log\ sin\ B &= \bar{1},7666576 \\
log\ sin\ C &= \bar{1},8293615 \\
colg\ sin\ A &= 0,0092498 \\
colog\ 2 &= 1,6989700 \\
\hline
&6,6225495
\end{aligned}
$$

$$S = 4193230^{\mathrm{mq}} \quad \text{ou} \quad 419^{\text{hectares}}\ 32^{\text{ares}}\ 30^{\text{cent.}}$$

2° Cas.

$$\text{Données} \quad \begin{cases} a = 948^{\mathrm{m}} \\ b = 1257^{\mathrm{m}} \\ A = 12°13'20'' \ (A < 90°, a < b\,;\ 2\ \text{solutions}). \end{cases}$$

$$\text{Formules} \quad \begin{cases} sin\,B = \dfrac{b\,sin\,A}{a}. \quad Log\,sin\,B = log\ b + log\,sin\,A + colog\ a \\[2mm] C = 180° - (A+B) \\[2mm] c = \dfrac{a\,sin\,C}{sin\,A}. \quad Log\ c = log\ a + log\ sin\ C + colog\ sin\ A. \end{cases}$$

$$log\ b = 3,0971531$$
$$log\ sin\ A = \overline{1},3257288$$
$$colog\ a = \overline{3},0231917$$

$$\overline{1},4460736$$

$$B' = 16°13'\ 6'',7\,, \quad B'' = 163°46'53'',3\,.$$
$$C' = 151°33'33'',3\,, \quad C'' = \ \ 3°59'46'',7\,.$$

<table>
<tr><td></td><td>1re Solution.</td><td></td><td>2^e Solution.</td></tr>
</table>

$$\begin{aligned}
log\ a &= 2,9768083 & & 2,9768083 \\
log\ sin\ C &= \overline{1},6778347 & \text{ou} \quad & \overline{2},8431839 \\
colog\ sin\ A &= 0,6742712 & & 0,6742712 \\
\hline
& 3,3289142 & \text{ou} \quad & 2,4942634 \\
c &= 2132^{m},621 & \text{ou} \quad & 312^{m}\,0782
\end{aligned}$$

Calcul de la surface $\ S = \dfrac{1}{2} ab\ sin\ C$.

$$Log\ S = log\ a + log\ b + log\ sin\ C + colog\ 2\,.$$

$$\begin{aligned}
log\ a &= 2,9768083 & & 2,9768083 \\
log\ b &= 3,0971531 & & 3,0971531 \\
log\ sin\ C &= \overline{1},6778347 & \text{ou} \quad & \overline{2},8431839 \\
colog\ 2 &= \overline{1},6989700 & & \overline{1},6989700 \\
\hline
& 5,4507661 & \text{ou} \quad & 4,6161153 \\
S &= 282336^{mq} & \text{ou} \quad & 41315^{mq},71\,.
\end{aligned}$$

3e Cas.   Données $\begin{cases} a = 24835^{m},36 \\ b = 18947^{m},24 \\ C = 35°42'26'',42. \ \text{(École Polytechnique 1867.)} \end{cases}$

Calculs auxiliaires $\begin{cases} a+b = 43782,60 \\ a-b = \ \ 5888,12 \\ \dfrac{1}{2}\ C\ = 17°51'13'',21\,. \end{cases}$

Formules $\begin{cases} tg\,\dfrac{1}{2}(A-B) = \dfrac{a-b}{a+b}\,cot\,\dfrac{1}{2}C.\ Log\ tg\,\dfrac{1}{2}(A-B) = log(a-b) + colog(a+b) + log\,cot\,\dfrac{1}{2}C. \\[2ex] c = \dfrac{a\ sin\ C}{sin\ A} \quad \text{ou mieux} \quad c = \dfrac{(a+b)\,sin\,\dfrac{1}{2}C}{cos\,\dfrac{1}{2}(A-B)}\,. \end{cases}$

$$log\,(a-b)=3,769\,9767$$
$$colog\,(a+b)=\overline{5},358\,7084$$
$$log\,cot\,\tfrac{1}{2}C=0,492\,0113$$

$$\overline{1,620\,6954}. \quad \tfrac{1}{2}(A-B)=22°\,39'\,44'',67$$

$$\tfrac{1}{2}(A+B)=72°\,\ 8'\,46'',79$$

$$A=94°\,48'\,31'',46,\ \ B=49°29'\ 2'',12.$$

<table>
<tr><td colspan="2" align="center">Calcul de c</td><td colspan="2" align="center">Calcul de $S=\tfrac{1}{2}ab\,sin\,C.$</td></tr>
</table>

Calcul de c	Calcul de $S=\tfrac{1}{2}ab\,sin\,C.$
$log\,(a+b)=4,641\,2916$	$log\,a=4,395\,0705$
$log\,sin\,\tfrac{1}{2}C=\overline{1},486\,5538$	$log\,b=4,277\,5459$
$colog\,cos\tfrac{1}{2}(A-B)=0,034\,8966$	$log\,sin\,C=\overline{1},766\,1489$
	$colog\,2=\overline{1},698\,9700$
$4,162\,7420$	$8,137\,7353$
$c=14545,95.$	$S=137\,320\,500^{mq}.$

4ᵉ Cas.
Données $\begin{cases} a=235^m,684 \\ b=412^m,567 \\ c=351^m,648 \ (\text{École Centrale}, 1^{re}\ \text{session de }1872.) \end{cases}$

$$2p=989,\ \ 899.$$

Calculs auxiliaires $\begin{cases} p=499,9495 & \text{son log. est} & 2,698\,9262 \\ p-a=264,2654 & \text{id.} & 2,422\,0405 \\ p-b=\ 87,3825 & \text{id.} & 1,941\,4245 \\ p-c=148,3015 & \text{id.} & 2,171\,1456 \end{cases}$

1ʳᵉ MÉTHODE :	2ᵉ MÉTHODE :
$tg\,\tfrac{1}{2}A=\sqrt{\dfrac{(p-b)(p-c)}{p(p-a)}}.$	$tg\,\tfrac{1}{2}A=\dfrac{r}{p-a}$
$tg\,\tfrac{1}{2}B=\sqrt{\dfrac{(p-a)(p-c)}{p(p-b)}}.$	$tg\,\tfrac{1}{2}B=\dfrac{r}{p-b}$
$tg\,\tfrac{1}{2}C=\sqrt{\dfrac{(p-a)(p-c)}{p(p-c)}}.$	$tg\,\tfrac{1}{2}C=\dfrac{r}{p-c}.$

Calcul de A.

$$\log (p-b) = 1,941\,4245$$
$$\log (p-c) = 2,171\,1456$$
$$\text{colog } p = \overline{3},301\,0738$$
$$\text{colog } (p-a) = \overline{3},577\,9595$$
$$\overline{2},991\,6034$$
$$\log tg\; \tfrac{1}{2}A = \overline{1},495\,8017$$
$$\tfrac{1}{2}A = 17°\,23'\,23'',29$$
$$A = 34°\,46'\,46'',58.$$

Calcul de A.

$$\log r = 1,917\,8422$$
$$\text{colog } (p-a) = \overline{3},577\,9595$$
$$\overline{1},495\,8017$$
$$\tfrac{1}{2}A = 17°\,23'\,23'',29.$$
$$A = 34°\,46'\,46'',58.$$

Calcul de B.

$$\log (p-a) = 2,422\,0405$$
$$\log (p-c) = 2,171\,1456$$
$$\text{colog } p = \overline{3},301\,0738$$
$$\text{colog } (p-b) = \overline{2},058\,5755$$
$$\overline{1},952\,8354$$
$$\log tg\; \tfrac{1}{2}B = \overline{1},976\,4177$$
$$\tfrac{1}{2}B = 43°\,26'\,42'',63$$
$$B = 86°\,53'\,25'',26.$$

Calcul de B.

$$\log r = 1,917\,8422$$
$$\text{colog } (p-b) = \overline{2},058\,5755$$
$$\overline{1},976\,4177$$
$$\tfrac{1}{2}B = 43°\,26'\,42'',63.$$
$$B = 86°\,53'\,25'',26.$$

Calcul de C.

$$\log (p-a) = 2,422\,0405$$
$$\log (p-b) = 1,941\,4245$$
$$\text{colog } p = \overline{3},301\,0738$$
$$\text{colog } (p-c) = \overline{3},828\,8544$$
$$\overline{1},493\,3932$$
$$\log tg\; \tfrac{1}{2}C = \overline{1},746\,6966$$
$$\tfrac{1}{2}C = 29°\,9'\,54'',08$$
$$C = 58°\,19'\,48'',16.$$

Calcul de C.

$$\log r = 1,917\,8422$$
$$\text{colog } (p-c) = \overline{3},828\,8544$$
$$\overline{1},746\,6966$$
$$\tfrac{1}{2}C = 29°\,9'\,54'',08.$$
$$C = 58°\,19'\,48'',16.$$

<table>
<tr><td>

Calcul de

$$S = \sqrt{p(p-a)(p-b)(p-c)}.$$

$$log\ p = 2,698\,9262$$
$$log\ (p-a) = 2,422\,0405$$
$$log\ (p-b) = 1,941\,4245$$
$$log\ (p-c) = 2,171\,1456$$
$$\overline{9,233\,5368}$$

$$log\ S = 4,616\,7684$$

$$S = 41\,377^{mq},89.$$

</td><td>

Calcul de $S = pr.$

$$log\ r = 1,917\,8422$$
$$log\ p = 2,698\,9262$$
$$\overline{4,616\,7684}$$

$$S = 41\,377^{mq},89.$$

Vérification : $A + B + C = 180°.$

</td></tr>
</table>

Applications.

1° *Démontrer que les relations obtenues entre les côtés et les angles d'un triangle* $\dfrac{a}{sin\ A} = \dfrac{b}{sin\ B} = \dfrac{c}{sin\ C}$ *représentent le diamètre du cercle circonscrit au triangle.*

Joignons au centre l'un des sommets B et abaissons la perpendiculaire OD. L'angle inscrit A est égal à l'angle au centre BOD; mais par définition, on a :

$$sin\ BOD = \frac{BD}{BO} = \frac{a}{2R}$$

en désignant par R le rayon OB.

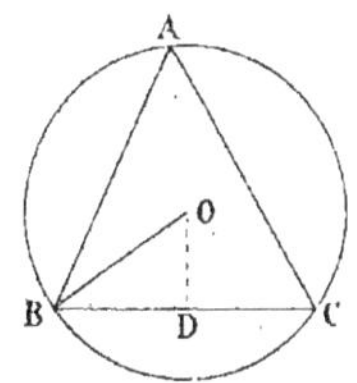

Fig. 42.

Donc $sin\ A = \dfrac{a}{2R}$; d'où l'on tire : $\dfrac{a}{sin\ A} = 2R$; donc aussi

$$\frac{B}{sin\ B} = 2R \quad \text{et} \quad \frac{c}{sin\ C} = 2R.$$

Remarque. La relation $\dfrac{c}{sin\ c} = 2R$ peut s'écrire $R = \dfrac{c}{2\,sin\ C}$, ou en multipliant par ab les deux termes de la fraction,

$$R = \frac{abc}{2ab\,sin\ C}; \quad \text{donc } R = \frac{abc}{4S} = \frac{abc}{4\sqrt{p(p-a)(p-b)(p-c)}}.$$

2° Exprimer la surface d'un quadrilatère en fonction de ses diagonales et de l'angle qu'elles forment.

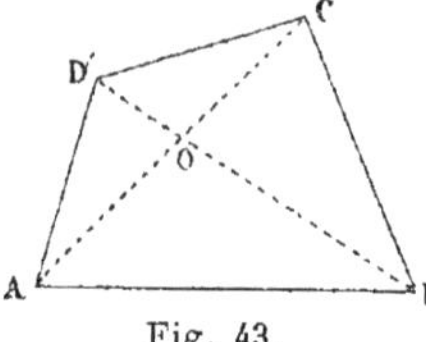

Fig. 43.

Soit le quadrilatère ABCD. Appelons x et y les diagonales, x_1, x_2, y_1, y_2 les segments qu'elles forment en se coupant mutuellement, savoir $AO = x_1$, $OC = x_2$, $BO = y_1$ et $OD = y_2$.

Les angles en O étant supplémentaires ont même sinus;

donc
$$\text{surf. AOD} = \frac{1}{2} x_1\, y_2\, sin\, O\,.$$

$$\text{surf. AOB} = \frac{1}{2} x_1\, y_1\, sin\, O\,.$$

$$\text{surf. BOC} = \frac{1}{2} x_2\, y_1\, sin\, O\,.$$

$$\text{surf. DOC} = \frac{1}{2} x_2\, y_2\, sin\, O\,.$$

Donc
$$\text{surf. ABCD} = \frac{1}{2}(x_1 + x_2)(y_1 + y_2)\, sin\, O\,;$$

c'est-à-dire
$$S = \frac{1}{2} xy\, sin\, O\,.$$

Ainsi, *la surface d'un quadrilatère égale la moitié du produit de ses diagonales multiplié par le sinus de l'angle qu'elles forment.*

3° Résoudre un triangle connaissant un côté **a**, *l'angle opposé* **A** *et la somme ou la différence des autres côtés.* (Sorbonne, 16 avril 1856 et 21 juillet 1868.)

Les rapports égaux $\dfrac{b}{sin\, B} = \dfrac{c}{sin\, C} = \dfrac{a}{sin\, A}$ donnent

$$\frac{b+c}{sin\, B + sin\, B} = \frac{a}{sin\, A}$$

ou
$$\frac{b+c}{a} = \frac{sin\, B + sin\, C}{sin\, A} = \frac{2\, sin\, \frac{1}{2}(B+C)\, cos\, \frac{1}{2}(B-C)}{2\, sin\, \frac{1}{2}A\, cos\, \frac{1}{2}A}$$

ou, en remarquant que $sin\, \frac{1}{2}(B+C) = cos\, \frac{1}{2}A$,

$$\frac{b+c}{a} = \frac{cos\, \frac{1}{2}(B-C)}{sin\, \frac{1}{2}A}\,.$$

Cette formule fera connaître $B-C$, et comme $B+C$ est connu, on aura facilement B et C; la question est alors ramenée au 1er cas.

Si l'on donnait la différence $b-c$, on emploierait la formule :

$$\frac{b-c}{a} = \frac{\sin B - \sin C}{\sin A},$$

et l'on continuerait comme précédemment.

$4°$ *Résoudre un triangle, connaissant un côté* a, *un angle adjacent* c *et la somme ou la différence des deux autres côtés.*

La somme $b+c$ étant connue ainsi que a, le demi-périmètre p et $p-a$ le sont également.

Or on sait que

$$tg \frac{1}{2}C = \sqrt{\frac{(p-a)(p-b)}{p(p-c)}} \quad (1)$$

$$tg \frac{1}{2}B = \sqrt{\frac{(p-a)(p-c)}{p(p-b)}} \quad (2)$$

En multipliant membre à membre, on a :

$$tg \frac{1}{2}B \; tg \frac{1}{2}C = \frac{p-a}{p}.$$

Cette équation donne la valeur de B. On connaît alors un côté et deux angles.

Si l'on donnait la différence $b-c$, alors $p-b$ et $p-c$ seraient connus, et en divisant membre à membre (1) et (2), on aurait la relation :

$$\frac{tg \frac{1}{2}C}{tg \frac{1}{2}B} = \frac{p-b}{p-c}$$

qui ferait connaître l'angle B.

$5°$ *Résoudre un triangle connaissant un côté* a, *la hauteur correspondante* h *et la somme* b+c *des deux autres côtés.*

En égalant deux formes de la surface du triangle, on a : $\dfrac{ah}{2} = pr$.

Or $(n° 57, Rem. 2)$, $r = (p-a) \; tg \frac{1}{2}A$;

donc $\dfrac{ah}{2} = p(p-a) \; tg \frac{1}{2}A$; d'où $tg \frac{1}{2}A = \dfrac{ah}{2p(p-a)}$,

et l'on a à résoudre l'un des problèmes précédents.

3.

6° *Résoudre un triangle connaissant un côté* a, *l'angle opposé* A *et le rapport* $\frac{m}{n}$ *des deux autres côtés.*

On connaît la somme des angles B et C, puisque A en est le supplément. Cherchons leur différence comme dans le 3ᵉ cas; nous avons trouvé :

$$\frac{b-c}{b+c} = \frac{\sin B - \sin C}{\sin B + \sin C}.$$

Les formules (22) et (23) permettent d'écrire :

$$\frac{b-c}{b+c} = \frac{2 \sin \frac{1}{2}(B-C) \sin \frac{1}{2}A}{2 \cos \frac{1}{2}A \cos \frac{1}{2}(B-C)} = \frac{tg \frac{1}{2}(B-C)}{cot \frac{1}{2}A}.$$

Or on a donné $\frac{b}{c} = \frac{m}{n}$, donc $\frac{b-c}{b+c} = \frac{m-n}{m+n}$, et par suite,

$$\frac{m-n}{m+n} = \frac{tg \frac{1}{2}(B-C)}{cot \frac{1}{2}A}; \quad \text{formule qui donne :}$$

$$tg \frac{1}{2}(B-C) = \frac{m-n}{m+n} cot \frac{1}{2}A.$$

On termine comme dans le 3ᵉ cas.

7° *Résoudre un triangle, connaissant les trois hauteurs* α, β, γ.

On a $\quad 2S = a\alpha = b\beta = c\gamma$, relation que l'on peut écrire :

$$2S = \frac{a}{\frac{1}{\alpha}} = \frac{b}{\frac{1}{\beta}} = \frac{c}{\frac{1}{\gamma}};$$ ce qui montre que le triangle cherché est semblable au triangle qui aurait pour côtés les inverses des 3 hauteurs. Il suffit donc de calculer les angles de ce dernier.

Quant aux côtés, on les obtient à l'aide des relations $2S = b\beta = ab \sin C$, on en tire :

$$a = \frac{\beta}{\sin C} = \frac{\beta}{2 \sin \frac{1}{2}C \cos \frac{1}{2}C},$$

et de même pour les autres côtés.

CHAPITRE V

APPLICATION DE LA TRIGONOMÉTRIE A QUELQUES QUESTIONS D'ARPENTAGE ET DE GÉOMÉTRIE

---

63. *Déterminer la hauteur d'un édifice du pied duquel on peut approcher.*

On commence par mesurer sur le terrain supposé de niveau ou perpendiculaire à AB, une base AD qui ne soit pas trop différente de la hauteur cherchée ; puis au point D, à l'aide d'un graphomètre par exemple, on mesure l'angle ECB que forme l'horizontale EC avec le rayon visuel dirigé vers le sommet de la tour.

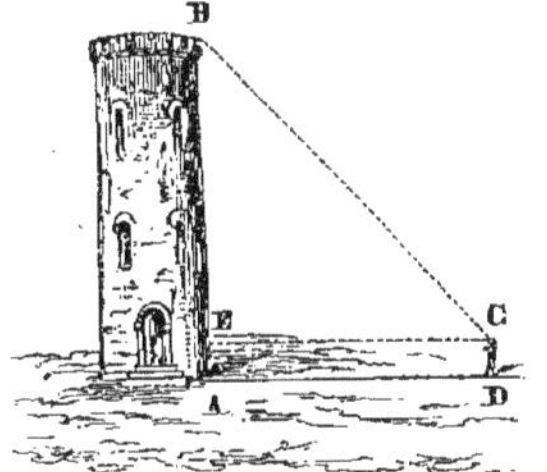

Fig. 44.

On connaît ainsi dans le triangle BEC l'un des côtés de l'angle droit et l'un des angles aigus, il est facile de déterminer l'autre côté.

Pour avoir la véritable hauteur, il faut ajouter à ce résultat la hauteur du graphomètre.

Soit $\qquad$ CE $= 13^\mathrm{m},75$ et BCE $= 41° 40' 50''$.

On a $\qquad$ BE $=$ CE tg BCE,

$$log \text{ CE} = 1,138\,3027$$
$$log\ tg \text{ BCE} = \overline{1},949\,5651$$
$$\overline{\phantom{log\ tg \text{ BCE} = }1,087\,8678}$$
$$\text{BE} = 12^\mathrm{m},242.$$

Supposant que le pied du graphomètre ait $1^m,20$, la hauteur cherchée sera $13^m,44$.

(On appelle l'angle BCE *angle d'élévation*.)

64. *Déterminer une hauteur dont le pied est inaccessible.*

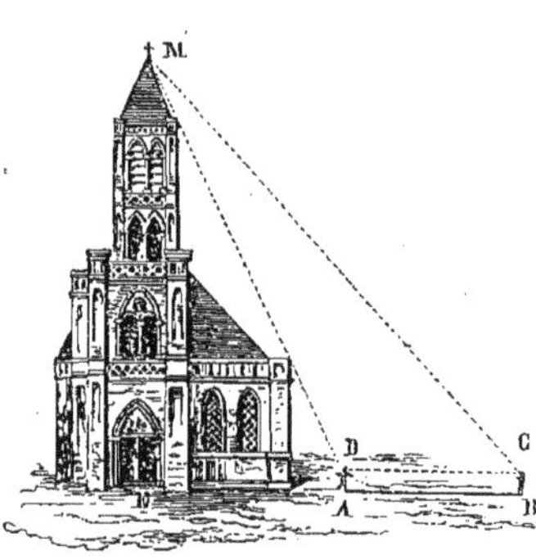

Fig. 45.

On prend sur le terrain une base d'opération AB dans la direction de la hauteur; puis on mesure aux points A et B les angles formés avec cette base par les rayons visuels dirigés vers le sommet M. Dans le triangle MDC, on connaît le côté CD et les angles adjacents, il est facile d'obtenir le côté MD; et alors dans le triangle rectangle MED, on a un angle aigu et l'hypoténuse, on en déduit la hauteur cherchée.

Soit $AB = CD = 14^m,75$; $MCE = 33°17'10''$; $MDE = 41°28'30''$;
d'où $\quad\quad\quad\quad CMD = M = 9°11'20''$.

On a $\quad\quad MD = \dfrac{CD\ sin\ C}{sin\ M}\quad$ et $\quad ME = MD\ sin\ D$,

donc $\quad\quad\quad ME = \dfrac{CD\ sin\ C\ sin\ D}{sin\ M}$.

$$log\ CD = 1,168\,7920$$
$$log\ sin\ C = \overline{1},739\,4301$$
$$log\ sin\ D = 0,821\,0503$$
$$colog\ sin\ M = 0,796\,7229$$

$$2,525\,9953 \quad\quad ME = 33^m,573.$$

Ajoutant $1^m,30$ pour la hauteur du graphomètre, on obtient :

Rép. $34^m,873$.

65. *Mesurer la hauteur d'une montagne.*

Au lieu de prendre la base AB dans le plan de la verticale, on la choisit d'une manière arbitraire. On mesure les angles A et B formés avec cette base par les rayons visuels dirigés vers le sommet. Dans le triangle BMA on connaît un côté et les deux angles adjacents, on en déduit le côté AM. On observe ensuite l'angle MAE, formé par le côté AM avec la verticale AE. Cet angle est égal à l'angle AMN. Dans le triangle rectangle MAN, on a l'hypoténuse et un angle aigu, il est facile de calculer MN.

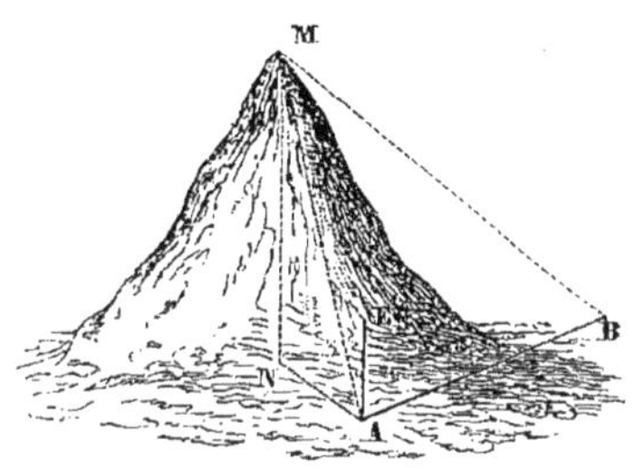

Fig. 46.

Soit $\quad AB = 235^m,50$; $\quad MAB = 45° 36'$, $\quad MBA = 54° 18'$,
$$MAE = 37° 27' 30''.$$

On a $\qquad AM = \dfrac{AB \, sin \, B}{sin \, M}$ et $\quad MN = AM \, cos \, AMN$;

donc $\qquad MN = \dfrac{AB \, sin \, B \, cos \, AMN}{sin \, M}$;

$$log \, AB = \quad 2,371\,9909$$
$$log \, sin \, B = \quad \overline{1},853\,9856$$
$$log \, cos \, AMN = \quad \overline{1},899\,7088$$
$$colog \, sin \, M = \quad 0,006\,5156$$

$$\overline{\qquad 2,132\,2009 \quad MN = 135^m,582.}$$

Ce problème peut servir à calculer la hauteur d'un tétraèdre par la connaissance de l'arête AB, des angles MAB et MBA, et de l'inclinaison de AM par rapport à la verticale.

66. *Déterminer la distance d'un point* A *à un point* C *inaccessible.*

On mesure sur le terrain une base AB et les deux angles A et B formés avec cette base par les rayons visuels dirigés vers le point C; il est facile de résoudre le triangle ACB, dans lequel on connaît un côté et les deux angles adjacents.

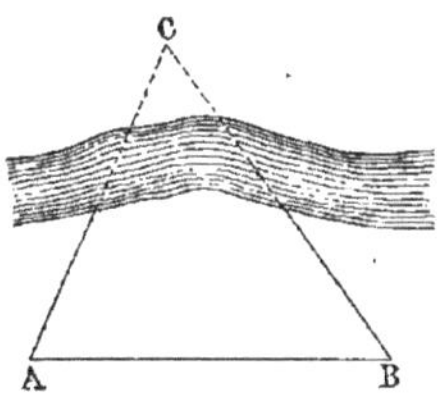

Fig. 47.

Soit $\quad AB = 457^m,65$, $\quad A = 61° 10' 25''$,
$B = 58° 19' 20''$.

On a
$$AC = \frac{AB \, sin \, B}{sin \, C},$$

$$C = 180° - (A + B) = 60°30'15''.$$

$$log \, AB = 2,6605334$$
$$log \, sin \, B = \overline{1},9299362$$
$$colog \, sin \, C = 0,0602854$$
$$\overline{2,6507550}$$

Rép. $AC = 447^m,46.$

67. *Déterminer la distance de deux points inaccessibles* C *et* D.

On mesure sur le terrain une base AB, puis on observe les angles formés aux points A et B, avec cette base, par les rayons visuels dirigés aux points C et D.

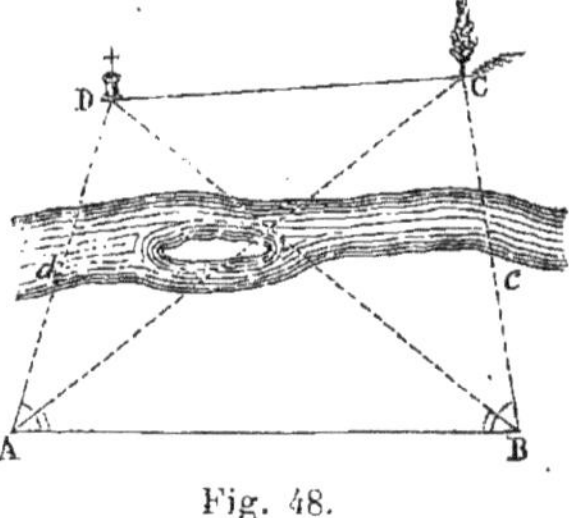
Fig. 48.

Dans le triangle ACB, on connaît un côté et deux angles, on peut aisément calculer AC. De même, la résolution du triangle DAB fait connaître AD. Enfin dans le triangle DAC on a deux côtés connus et l'angle qu'ils forment, on peut en déduire CD.

Soit $AB = a = 210^m$, $DAB = A = 88°42'$, $CAB = \alpha = 35°23'30''$,
$ABC = B = 89°36'10''$, $ABD = \beta = 61°45'$.

1° Calcul de $AD = d$ _ $d = \dfrac{a \, sin \, \beta}{sin \, ADB}.$ $ADB = 29°33'.$

$$log \, a = 2,3222193$$
$$log \, sin \, \beta = \overline{1},9449220$$
$$colog \, sin \, ABD = 0,3069920$$
$$\overline{log \, d = 2,5741333}$$

2° Calcul de $AC = x.$ $AC = \dfrac{a \, sin \, B}{sin \, ACB}.$ $ACB = 45°1'50''.$

$$log \, a = 2,3222193$$
$$log \, sin \, B = \overline{1},9999895$$
$$colog \, sin \, ACB = 0,1502835$$
$$\overline{log \, x = 2,4724923}$$

3° Calcul du triangle DAC.   DAC = DAB — CAB = 52°18′30″.

Les côtés d et x n'étant connus que par leurs logarithmes, il convient d'employer la formule trouvée dans la *Remarque* du n° 56 :

$$tg\,\frac{1}{2}(D - DCA) = tg\,(45° - \varphi)\,cot\,\frac{1}{2}DAC,$$

formule dans laquelle $\quad tg\,\varphi = \dfrac{d}{x}$,

d'où $\quad log\,tg\,\varphi = log\,d - log\,x = 0,101\,6410;\quad \varphi = 51°38′40″.$

$log\,tg\,(45° - \varphi) = \bar{1},066\,2777$

$log\,cot\,\dfrac{1}{2}DAC = 0,308\,8586$

$$\overline{\rule{3cm}{0.4pt}}$$

$\bar{1},375\,1363.\quad \frac{1}{2}(D - DCA) = 13°20′40″$

$\frac{1}{2}(D + DCA) = 63°50′45″$

$$\overline{\rule{4cm}{0.4pt}}$$

$DCA = 50°30′5″,$

$$c = \frac{d\,sin\,DAC}{sin\,DCA}.$$

$log\,d = \quad 2,574\,1333$

$log\,sin\,DAC = \bar{1},898\,3480$

$colog\,sin\,DCA = \quad 0,112\,5852$

$$\overline{\rule{3cm}{0.4pt}}$$

$2,585\,0665.$

$CD = 384^m,65.$

68. *Trois points* A, B, C *étant donnés sur la carte d'un pays, on propose de déterminer la position d'un quatrième point* M, *d'où les distances* AC, CB *ont été vues sous des angles qu'on a mesurés.*

(Les quatre points sont supposés sur un même plan.)

On peut facilement trouver le point M par la Géométrie; il suffit de décrire sur AC et sur BC des segments capables des angles mesurés. Le point M est à la rencontre des deux circonférences.

Voici la solution trigonométrique :
Écrivons pour abréger :

$$AMC = \alpha,\quad CMB = \beta,$$

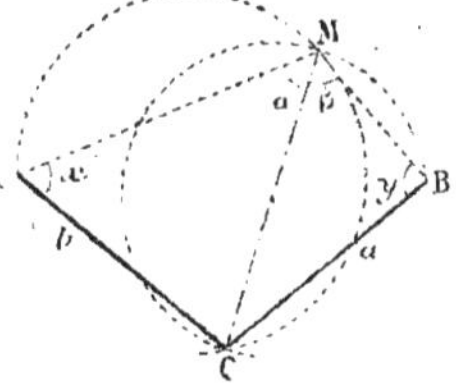

Fig. 49.

$$ACB = C, \quad MAC = x, \quad MBC = y,$$
$$AC = b, \quad BC = a.$$

Dans le quadrilatère ACBM, on a :

$$x + y = 360° - (C + \alpha + \beta); \quad \text{cherchons la différence } x - y.$$

Les triangles AMC et BMC donnent :

$$CM = \frac{b \sin x}{\sin \alpha}, \quad CM = \frac{a \sin y}{\sin \beta};$$

égalant ces deux valeurs, il vient :

$$\frac{b \sin x}{\sin \alpha} = \frac{a \sin y}{\sin \beta};$$

d'où l'on tire :

$$\frac{\sin x}{\sin y} = \frac{a \sin \alpha}{b \sin \beta}.$$

Posons pour abréger $c = \dfrac{b \sin \beta}{\sin \alpha}$; cette formule est logarithmique et permet de trouver la valeur de c, et en même temps on a :

$$\frac{\sin x}{\sin y} = \frac{a}{c};$$

d'où l'on tire :

$$\frac{\sin x + \sin y}{\sin x - \sin y} = \frac{a + c}{a - c}.$$

Or

$$\frac{\sin x + \sin y}{\sin x - \sin y} = \frac{tg \frac{1}{2}(x + y)}{tg \frac{1}{2}(x - y)}.$$

donc

$$\frac{tg \frac{1}{2}(x + y)}{tg \frac{1}{2}(x - y)} = \frac{a + c}{a - c},$$

d'où

$$tg \tfrac{1}{2}(x - y) = \frac{a - c}{a + c} \quad tg \tfrac{1}{2}(x + y). \tag{1}$$

Connaissant $x - y$ et $x + y$, on calcule facilement ces deux angles.

On aura ensuite l'angle ACM par la relation :

$$ACM = 180° - (\alpha + x),$$

et alors la distance CM sera donnée par l'une des égalités ci-dessus : $CM = \dfrac{b \sin x}{\sin \alpha}$.

69. Remarque. Si l'on suppose $\frac{1}{2}(x+y)=90°$, on aura :

$tg\,\frac{1}{2}(x+y)=\infty$. En même temps $x+y=180°$, $sin\,x=sin\,y$;

donc $\dfrac{sin\,x}{sin\,y}=\dfrac{a\,sin\,\alpha}{b\,sin\,\beta}$ donne $a\,sin\,\alpha=b\,sin\,\beta$, ou $a=\dfrac{b\,sin\,\beta}{sin\,\alpha}$;

or on a aussi $c=\dfrac{b\,sin\,\beta}{sin\,\alpha}$, donc $c=a$ ou $a-c=0$, et la

formule (1) devient : $tg\,\frac{1}{2}(x-y)=0\times\infty$, symbole d'indé-

termination. Cette indétermination. est ici réelle; car, les angles x et y étant supplémentaires, le quadrilatère AMBC est inscriptible, et tous les points de l'arc du cercle circonscrit compris entre les côtés de l'angle ACB répondent à la question.

70. *Calculer le rayon d'une tour inaccessible.*

On mesure une base d'opération AB et les angles formés aux points A et B avec cette base par les rayons visuels tangents à la tour. Il s'agit de déterminer le rayon du cercle O.

Écrivons $AB=d$, le rayon $OC=R$ et les angles $MAB=\alpha$, $PAB=\alpha'$, $MBA=\beta$, $PBA=\beta'$.

Les angles OAB et OAC sont tels que leur somme égale α, et leur différence α', car AO est la bissectrice de l'angle MAQ; donc $OAB=\frac{1}{2}(\alpha+\alpha')$ et $OAC=\frac{1}{2}(\alpha-\alpha')$. De même, $OBA=\frac{1}{2}(\beta+\beta')$ et $OBQ=\frac{1}{2}(\beta-\beta')$.

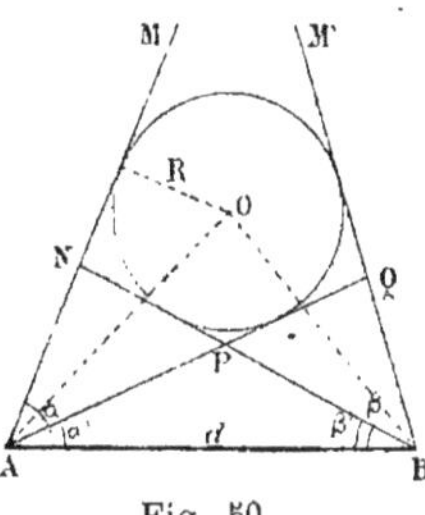

Fig. 50.

Or dans le triangle AOB, $AO=\dfrac{d\,sin\,B}{sin\,(A+B)}$

ou
$$AO=\frac{d\,sin\,\frac{1}{2}(\beta+\beta')}{sin\,\frac{1}{2}(\alpha+\alpha'+\beta+\beta')}.$$

D'ailleurs le triangle rectangle OCA donne :
$$CO=R=AO\,sin\,\frac{1}{2}(\alpha-\alpha'),$$

donc
$$R = \frac{d \, sin \frac{1}{2}(\alpha - \alpha') \, sin \frac{1}{2}(\beta + \beta')}{sin \frac{1}{2}(\alpha + \alpha' + \beta + \beta')} . \qquad (1)$$

Remarque. Si, au lieu de calculer AO, on avait cherché l'expression du côté BO, on aurait trouvé :

$$R = \frac{d \, sin \frac{1}{2}(\beta + \beta') \, sin \frac{1}{2}(\alpha + \alpha')}{sin \frac{1}{2}(\alpha + \alpha' + \beta + \beta')} . \qquad (2)$$

La comparaison de ces deux valeurs de R donne l'équation de condi-

tion $\dfrac{sin \frac{1}{2}(\alpha - \alpha')}{sin \frac{1}{2}(\alpha + \alpha')} = \dfrac{sin \frac{1}{2}(\beta - \beta')}{sin \frac{1}{2}(\beta + \beta')}$, à laquelle doivent satisfaire

les angles observés pour que le problème soit possible ; elle peut donc servir à vérifier si l'opération sur le terrain a été faite avec exactitude.

71. *Un observateur élevé de 75 mètres au-dessus du niveau de la mer, a trouvé qu'à cette hauteur l'angle* α, *formé par la dépression apparente de l'horizon, était égal à* 15′ 30″. *On demande, d'après ce calcul, quel serait le rayon terrestre ?* (L'observation a été faite par les élèves de l'École de Brest.)

Les angles DBA $=\alpha$ et BCA sont égaux comme ayant leurs côtés perpendiculaires. Or, dans le triangle rectangle BAC

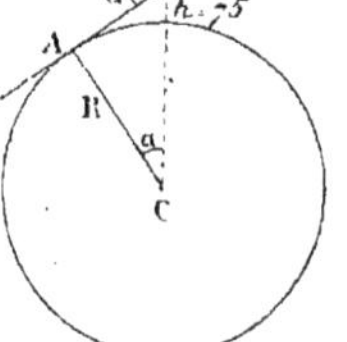

Fig. 51.

$$AC = BC \, cos \, \alpha$$

ou $\quad R = (R + h) \, cos \, \alpha = R \, cos \, \alpha + h \, cos \, \alpha$

d'où $\quad R(1 - cos \, \alpha) = h \, cos \, \alpha ;$

d'où $\quad R = \dfrac{h \, cos \, \alpha}{1 - cos \, \alpha} .$

Pour rendre cette formule logarithmique, il suffit de remarquer que (n° 28) :

$$2 \, sin^2 \frac{1}{2} a = 1 - cos \, a ; \quad donc \quad R = \frac{h \, cos \, \alpha}{2 \, sin^2 \frac{1}{2}\alpha} .$$

En remplaçant les lettres par leurs valeurs, on a :

$$R = \frac{75 \; cos \; 15'30''}{2 \; sin^2 \; 7'45''}$$

$$log \; h = 1,8750613$$
$$log \; cos \; \alpha = \overline{1},9999956$$
$$colog \; 2 = \overline{1},6989700$$

$$-2 \; log \; sin \; \tfrac{1}{2}\alpha = 5,2939954$$

$$6,8680223$$

$R = 7379420^m$. (Cette valeur est un peu trop forte.)

72. *Calculer en myriamètres carrés la surface de l'une des deux zones glaciales, sachant que le petit cercle qui lui sert de base est à environ 23°28' du pôle. (On suppose que la terre est une sphère ayant 4000 myriamètres de circonférence.)*

Soit S la surface cherchée, R le rayon de la terre et h la hauteur de la zone.

On a $$S = 2\pi \, Rh.$$

Or $$h = R - R \; cos \, \alpha = R \, (1 - cos \, \alpha) = 2R \; sin^2 \; \tfrac{1}{2}\alpha \, ;$$

donc $$S = 4\pi R^2 \; sin^2 \; \tfrac{1}{2}\alpha. \quad \text{D'ailleurs} \quad R = \frac{4000}{2\pi}$$

donc $$S = \frac{4000^2 \times sin^2 \, 11°44'}{\pi}$$

$$2 \, log \, 4000 = 7,2041200$$
$$2 \, log \, sin \, 11°44' = \overline{2},6165180$$
$$colog \; \pi = 1,5028491$$

$$5,3234871$$

$$S = 210614 \text{ myr. carrés.}$$

CHAPITRE VI

EXERCICES ET PROBLÈMES

Exercices des Chapitres I et II.

1. Ramener au premier quadrant les arcs suivants :

$1°\quad \sin 105° 45' 4''$

$2°\quad \sin 124° 3' 12''$

$3°\quad \sin 223° 32' 21''$

$4°\quad \sin 1413° 18' 43''.$

2. Le sinus d'un arc moindre que 90° vaut 0,5314 ; calculer les valeurs des autres lignes trigonométriques de cet arc.

3. Trouver le sinus et le cosinus d'un arc dont la tangente égale $\dfrac{3}{4}$.

4. Trouver les lignes trigonométriques des arcs de 120° et de 105°.

5. Calculer les lignes trigonométriques d'un angle a en fonction de $\sec a$.

6. Calculer le sinus des arcs de 63° et 27°.

7. Calculer le cosinus des mêmes arcs.

8. Calculer le sinus des arcs de 48° et 12°.

9. Calculer le cosinus de ces mêmes arcs.

10. $\operatorname{Sin} a = \dfrac{1}{4}$, $\cos b = \dfrac{3}{5}$; calculer $\sin(a \pm b)$ et $\cos(a \pm b)$.

11. $\quad\operatorname{Sin} a = 03$; trouver $\sin 2a.$

12. $\qquad Cos\ a=\dfrac{4}{5}$; trouver $cos\ 2a$.

13. $\qquad Tang\ a=\dfrac{3}{5}$; trouver $tg\ 2a$.

14. $\qquad$ Trouver $sin\ 9°$ et $cos\ 9°$.

15. Calculer $sin\ 3a$ en fonction de $sin\ a$ et $cos\ 3a$ en fonction de $cos\ a$.

16. $\qquad Tang\ a=0{,}9$; calculer $tg\ \dfrac{1}{2}a$.

17. $\qquad Cos\ a=0{,}7$; calculer $tg\ \dfrac{1}{2}a$.

Rendre calculables par logarithmes les expressions :

18. $\qquad sin\ 34°\ 24'\ 12''+sin\ 12°\ 14'\ 28''$.
19. $\qquad sin\ 25°\ 36'\ 14''+sin\ 16°\ 3'\ 46''$.
20. $\qquad sin\ 32°\ 8'\ 17''-sin\ 9°\ 10'\ 25''$.
21. $\qquad cos\ 45°\ 17'\ 41''+cos\ 27°\ 56'\ 4''$
22. $\qquad cos\ 6°\ 12'\ 5''-cos\ 62°\ 40'\ 32''$.
23. $\qquad cos\ 20°\ 0'\ 58''-sin\ 35°\ 53'\ 8''$.
24. $\qquad tg\ 18°\ 24'\ 9''+tg\ 10°\ 0'\ 42''$.
25. $\qquad cot\ 37°\ 38'\ 49''-cot\ 76°\ 1'\ 59''$.
26. $\qquad \dfrac{sin\ 63°\ 34'\ 12''+sin\ 38°\ 7'\ 45''}{sin\ 63°\ 34'\ 12''-sin\ 38°\ 7'\ 45''}$.
27. $\qquad \dfrac{sin\ 98°\ 6'\ 35''+sin\ 25°\ 32'\ 8''}{sin\ 98°\ 6'\ 35''-sin\ 25°\ 32'\ 8''}$.

Rendre calculables par logarithmes les expressions :

28. $1+sin\ 20°\ 32'\ 44''$.
29. $1-sin\ 30°\ 45'\ 17''$.
30. $1+cos\ 18°\ 4'\ 50''$.
31. $1-cos\ 64°\ 56'\ 48''$.
32. $1+tg\ 43°\ 9'\ 6''$.
33. $1-tg\ 7°\ 5'\ 8''$.

34. $1-cot\ 76°\ 31'\ 26''$.
35. $1+cot\ 52°\ 15'\ 24''$.
36. $\dfrac{1-tg\ 15°\ 24'\ 35''}{1+tg\ 15°\ 24'\ 35''}$.
37. $\dfrac{1+tg\ 27°\ 8'\ 15''}{1-tg\ 27°\ 8'\ 15''}$.

Exercices du Chapitre III.

Trouver les logarithmes de :

38.	*sin* 7° 24′ 20″.		48.	*sin* 52° 12′ 54″,2.
39.	*cos* 24° 15′ 40″.		49.	*cos* 2° 17′ 35″,7.
40.	*sin* 15° 32′ 30″.		50.	*sin* 64° 25′ 9″,8.
41.	*cos* 59° 24′ 50″.		51.	*cos* 18° 26′ 42″,9.
42.	*sin* 28° 45′ 23″.		52.	*sin* 75° 38′ 12″,6.
43.	*cos* 41° 33′ 59″.		53.	*cos* 72° 0′ 2″,3.
44.	*sin* 36° 52′ 32″.		54.	*sin* 88° 48′ 25″,4.
45.	*cos* 57° 42′ 2″.		55.	*cos* 87° 8′ 23″,5.
46.	*sin* 48° 0′ 41″.		56.	*sin* 0° 12′ 7″,3.
47.	*cos* 68° 51′ 12″.		57.	*cos* 89° 0′ 45″,8.

Trouver les logarithmes de :

58.	*tg* 10° 22′ 10″.		68.	*tg* 65° 33′ 8″,1.
59.	*cot* 25° 12′ 30″.		69.	*cot* 80° 53′ 13″,2.
60.	*tg* 21° 45′ 20″.		70.	*tg* 76° 38′ 12″,3.
61.	*cot* 36° 21′ 40″.		71.	*cot* 6° 16′ 22″,4.
62.	*tg* 32° 16′ 35″.		72.	*tg* 87° 45′ 25″,5.
63.	*cot* 47° 39′ 28″.		73.	*cot* 19° 25′ 33″,6.
64.	*tg* 43° 0′ 46″.		74.	*tg* 2° 4′ 34″,7.
65.	*cot* 58° 42′ 17″.		75.	*cot* 21° 43′ 42,8.
66.	*tg* 54° 27′ 57″.		76.	*tg* 0° 15′ 48″,9.
67.	*cot* 69° 0′ 9″.		77.	*cot* 0° 0′ 56″,1.

Trouver les logarithmes de :

78.	*sin* 164° 27′ 30″.		80.	*sin* 208° 45′ 23″.
79.	*cos* 120° 35′ 10″.		81.	*cos* 221° 33′ 59″.

Trouver les angles correspondants à :

82.	*log sin* $x = \bar{1},408\,8894$		87.	*log cos* $x = \bar{1},998\,8776$.
83.	*log cos* $x = \bar{1},884\,9065$		88.	*log sin* $x = \bar{2},912\,3456$.
84.	*log sin* $x = \bar{1},775\,6935$.		89.	*log cos* $x = \bar{1},983\,4560$.
85.	*log cos* $x = \bar{1},714\,9428$.		90.	*log sin* $x = \bar{1},357\,9468$.
86.	*log sin* $x = \bar{2},765\,4321$.		91.	*log cos* $x = \bar{1},944\,3325$.

92. $\log \sin x = \bar{1},5671248.$
93. $\log \cos x = \bar{1},8765432.$
94. $\log \sin x = \bar{1},7531864.$
95. $\log \cos x = \bar{1},7891234.$
96. $\log \sin x = \bar{1},9426715.$

97. $\log \cos x = \bar{1},6543245.$
98. $\log \sin x = \bar{1},9760044.$
99. $\log \cos x = \bar{2},7531789.$
100. $\log \sin x = \bar{1},9991357.$
101. $\log \cos x = \bar{3},8900216.$

Trouver les angles correspondants à :

102. $\log \operatorname{tg}\ x = \bar{1},8820134.$
103. $\log \cot x = 1,0592624.$
104. $\log \operatorname{tg}\ x = 0,3603752.$
105. $\log \cot x = \bar{1},8170712.$
106. $\log \operatorname{tg}\ x = \bar{1},3210789.$
107. $\log \cot x = 0,3579124.$
108. $\log \operatorname{tg}\ x = \bar{1},6541245.$
109. $\log \cot x = 0,1252468.$
110. $\log \operatorname{tg}\ x = \bar{1},8642013.$
111. $\log \cot x = 0,0481789.$

112. $\log \operatorname{tg}\ x = \bar{1},9950045.$
113. $\log \cot x = \bar{1},9750072.$
114. $\log \operatorname{tg}\ x = 0,1234568.$
115. $\log \cot x = \bar{1},6785401.$
116. $\log \operatorname{tg}\ x = 0,3456789.$
117. $\log \cot x = \bar{1},2345625.$
118. $\log \operatorname{tg}\ x = 1,7890012.$
119. $\log \cot x = \bar{3},8900036.$
120. $\log \operatorname{tg}\ x = \bar{3},8501854.$
121. $\log \cot x = 2,9753124.$

Évaluer les plus petits arcs positifs qui satisfont aux équations :

122. $\sin x = \dfrac{3}{5}.$

123. $\operatorname{tg} x = 3.$

124. $\cos x = 0,7.$

125. $\cot x = \dfrac{2}{3}.$

126. $\sec x = \dfrac{7}{3}.$

127. $\operatorname{tg} x = -\dfrac{17}{9}.$

128. $\cot x = -\dfrac{5}{7}.$

129. $\cos x = -\dfrac{4}{3}.$

Évaluer les plus petits arcs positifs qui satisfont aux équations :

130. $\operatorname{tg} x = \sin 12°\,24'\,48'' + \cos 12°\,24'\,48''.$
131. $\operatorname{tg} x = \operatorname{tg} 63°\,15'\,16'' + \cot 63°\,15'\,16''.$

Évaluer les plus petits arcs positifs qui satisfont aux équations :

132. $\operatorname{tg} x = 5 \sin x.$
133. $5 \operatorname{tg} x = 6 \cos x.$
134. $\operatorname{tg} 2x = 5 \operatorname{tg} x.$

135. $2 \operatorname{tg} x + 2 \cot x = 5.$
136. $8 \cot^2 x - \sec^2 x = 1.$
137. $\sin x + \cos x = \sec x.$

Exércices du Chapitre IV.

Triangles rectangles.

Résoudre les triangles rectangles dont les données suivent :

1ᵉʳ Cas.

138. $\begin{cases} a = 230^m \\ B = 38°. \end{cases}$

139. $\begin{cases} a = 578^m,25 \\ B = 38° 51' 23''. \end{cases}$

2ᵉ Cas.

140. $\begin{cases} b = 102^m,40 \\ B = 55°. \end{cases}$

141. $\begin{cases} b = 5734^m,25 \\ B = 37° 29' 12''. \end{cases}$

3ᵉ Cas.

142. $\begin{cases} a = 117^m,80 \\ b = 48^m. \end{cases}$

143. $\begin{cases} a = 5678^m,76 \\ b = 3456^m,48. \end{cases}$

4ᵉ Cas.

144. $\begin{cases} b = 122^m,40 \\ c = 130^m. \end{cases}$

145. $\begin{cases} b = 52^m,34 \\ c = 28^m,80. \end{cases}$

Résoudre les triangles rectangles dont les données suivent :

146. $\begin{cases} a = 6542^m,84 \\ \dfrac{B}{C} = \dfrac{7}{9}. \end{cases}$

147. $\begin{cases} b = 48^m \\ B = 32° 57'. \end{cases}$

148. $\begin{cases} a = 163^m,20 \\ B = 40° 22'. \end{cases}$

149. $\begin{cases} a = 176^m \\ b = 160^m,50. \end{cases}$

150. $\begin{cases} b = 141^m \\ c = 181^m,20. \end{cases}$

151. $\begin{cases} b = 320^m \\ \dfrac{B}{C} = \dfrac{7}{5}. \end{cases}$

152. $\begin{cases} b + c = 252^m,40 \\ b - c = 7^m,60. \end{cases}$

153. $\begin{cases} a = 225^m \\ \dfrac{c}{b} = 0^m,75. \end{cases}$

154. Résoudre un triangle rectangle, connaissant

$$c = 120^m \quad \text{et} \quad \frac{b}{a} = 0,6.$$

155. Quelle est la hauteur d'une tour qui donne 96^m d'ombre, lorsque le soleil est élevé de $52° 30'$ au-dessus de l'horizon?

156. Quelle est la longueur de l'ombre projetée par un arbre de 15^m de haut, lorsque le soleil est élevé de $37° 30'$ au-dessus de l'horizon?

157. Déterminer la hauteur du soleil lorsque l'ombre d'un style vertical exposé au soleil égale 2 fois $\frac{1}{2}$ la hauteur du style.

158. Quelle est la hauteur du soleil, lorsque l'ombre d'un objet vertical égale une fois $\frac{1}{2}$ sa hauteur?

159. Trouver la longueur d'une droite faisant un angle de 22° 40′ avec sa projection, dont la longueur est de 16^m,64.

160. Un rectangle a 120^m,40 de base et 70^m,18 de hauteur; quels sont les angles formés par la diagonale avec les côtés?

161. La diagonale d'un rectangle a 68^m,42, l'angle qu'elle forme avec la base a 24° 18′. On demande la surface du rectangle.

162. Une corde sous-tendant un arc de 82° est à 20^m du centre; quelle est la longueur de cette corde?

163. Dans un cercle de 8^m,35 de rayon, quelle est la longueur de la corde d'un arc de 17° 8′?

164. Dans un cercle de 72^m de rayon, quel est : 1° le polygone régulier inscrit dont le côté égale 25^m; 2° quel est le périmètre de ce polygone; 3° quel serait le rayon du cercle inscrit?

165. On trouve, après avoir parcouru 80 kilomètres, qu'on a fait 43^k,25 de plus vers le sud que vers l'est. Quelle direction a-t-on suivie?

166. L'hypoténuse d'un triangle rectangle a 4689^m,76 et la hauteur 1830^m,24. Résoudre ce triangle.

167. La perpendiculaire abaissée de l'angle droit d'un triangle rectangle détermine sur l'hypoténuse deux segments $b' = 3596^m,32$ et $c' = 2465^m,15$. Quels sont les éléments de ce triangle?

168. Résoudre un triangle rectangle, connaissant $a = 1346^m,24$ et la différence des côtés de l'angle droit $d = 824^m,746$.

169. L'hypoténuse d'un triangle rectangle égale 4320^m,42, et le rayon du cercle inscrit $r = 789^m,36$. Résoudre ce triangle.

170. La somme des côtés de l'angle droit d'un triangle rectangle est de 6642^m,777; on demande de résoudre ce triangle, sachant que l'hypoténuse a 4765^m,35.

Triangles quelconques.

Résoudre les triangles dont les données suivent :

1er Cas.

171. $\left\{ \begin{array}{l} A = 32° 57′ \\ B = 123° \\ a = 117^m,80. \end{array} \right.$ **172.** $\left\{ \begin{array}{l} A = 138° 31′ \\ B = 33° 17′ \\ c = 14^m,76. \end{array} \right.$

173. $\left\{\begin{array}{l} A = 72°17' \\ B = 48°12' \\ c = 560^m,40. \end{array}\right.$

175. $\left\{\begin{array}{l} A = 74°53'33'',8 \\ B = 47°17'3'',2 \\ c = 56\,894^m,60. \end{array}\right.$
(*Saint-Cyr*, 1852.)

174. $\left\{\begin{array}{l} A = 57°32'7'',6 \\ B = 73°42'50'' \\ a = 25\,432^m,46. \end{array}\right.$

176. $\left\{\begin{array}{l} B = 79°50'39'' \\ C = 64°25'48'' \\ a = 439^m,258. \end{array}\right.$
(*Saint-Cyr*, 1849.)

2ᵉ Cas.

177. $\left\{\begin{array}{l} a = 105^m \\ b = 110^m \\ A = 58° \end{array}\right.$

179. $\left\{\begin{array}{l} a = 53^m,60 \\ c = 35^m,20 \\ C = 71°15. \end{array}\right.$

178. $\left\{\begin{array}{l} a = 85^m,40 \\ c = 38^m,85 \\ C = 15°25'. \end{array}\right.$

180. $\left\{\begin{array}{l} a = 65\,792^m,60 \\ b = 98\,045^m,60 \\ A = 28°51'48''6. \end{array}\right.$
(*École navale*, 1853.)

3ᵉ Cas.

181. $\left\{\begin{array}{l} a = 167^m \\ b = 145^m \\ C = 54° \end{array}\right.$

183. $\left\{\begin{array}{l} b = 61\,686^m,54 \\ c = 51\,956^m,90 \\ A = 24°26'56''. \end{array}\right.$

182. $\left\{\begin{array}{l} a = 203^m,20 \\ b = 215^m,40 \\ C = 72°10'. \end{array}\right.$

184. $\left\{\begin{array}{l} b = 1\,109^m,75 \\ c = 1\,489^m,62 \\ A = 47°9'50''. \end{array}\right.$
(*École navale*.)

4ᵉ Cas.

185. $\left\{\begin{array}{l} a = 75^m \\ b = 92^m \\ c = 107^m. \end{array}\right.$

187. $\left\{\begin{array}{l} a = 456^m,40 \\ b = 518^m,50 \\ c = 592^m,30. \end{array}\right.$

186. $\left\{\begin{array}{l} a = 543^m,90 \\ b = 597^m,60 \\ c = 625^m,90. \end{array}\right.$

188. $\left\{\begin{array}{l} a = 567^m,37 \\ b = 419^m,85 \\ c = 354^m,63 \end{array}\right.$

Chercher les éléments inconnus des triangles dont les données suivent :

189. $\left\{\begin{array}{l} A = 123° \\ a = 181^m,60 \\ b - c = 29^m,54. \end{array}\right.$

190. $\left\{\begin{array}{l} A = 58° \\ a = 105^m \\ b + c = 216^m,50. \end{array}\right.$

Exercices du Chapitre V.

191. L'angle d'élévation du sommet d'une tour verticale est de 43°15′ à 72ᵐ de la tour. Quelle en est la hauteur, l'œil de l'observateur étant à 1ᵐ,10 au-dessus du sol?

192. L'angle d'élévation du sommet d'une tour verticale dont le pied est inaccessible est de 24°36′; on s'avance de 32ᵐ vers la tour, l'angle d'élévation du sommet est alors égal à 40°12′. Quelle est la hauteur de la tour? La base d'opération est horizontale, et l'œil de l'observateur est élevé de 1ᵐ,50.

193. Mesurer la distance d'un lieu A à un autre C inaccessible. On a pris une base AB perpendiculaire à AC, et longue de 80ᵐ. L'angle formé au point B par les rayons visuels menés en A et en C égale 48°25′.

194. Deux observateurs, distants de 1750ᵐ, mesurent au même instant les hauteurs d'un point remarquable d'un nuage. Ce point est dans le plan vertical de la base d'observation, et les angles d'élévation sont 72° et 84°. Quelle est la hauteur du nuage, en admettant que les deux observateurs ont le même horizon?

195. Calculer la distance de deux points inaccessibles A et B, connaissant une base CD=150ᵐ, l'angle BCD=40°; l'angle ACD=69°, l'angle ADC=38°30′, et l'angle BDC=70°30′.

196. Trouver la hauteur d'une montagne. La base d'opération que l'on a choisie a 225ᵐ, les angles formés par cette base et les rayons visuels menés au sommet de la montagne sont respectivement égaux à 52°27′18″ et 41°19′25″; de plus, l'un de ces rayons visuels AC fait avec la verticale de la station A un angle de 43°19′12″.

197. Trois points A, B, C étant donnés sur la carte d'un pays, on demande de déterminer la position d'un quatrième point M, d'où les distances AC=200ᵐ et BC=170ᵐ ont été vues sous des angles connus α=46°17′13″,2 et β=30°9′. On sait de plus que les quatre points sont sur le même plan, et que l'angle ACB=114°40′8″,4. (On calculera MC.)

198. Un observateur, placé à une hauteur de 120ᵐ au-dessus du niveau de la mer, a trouvé que le rayon visuel aboutissant à l'horizon sensible faisait avec la verticale un angle de 89°39′. On demande quel serait, d'après ce calcul, le rayon terrestre. (*Sorbonne*, 6 novembre 1862.)

199. Un arc $AC = 28°35'$ tourne autour d'un diamètre **BB'** perpendiculaire à sa corde; quelle est la surface de la zone décrite, le rayon du cercle étant $5^m,43$?

200. Calculer le rayon d'une tour inaccessible. On a pris une base $AB = 175^m$; les angles formés avec cette base par les couples de tangentes menées des extrémités sont, au point A : $\alpha = 60°$, $\alpha' = 20°$, et au point B : $\beta = 75°$, $\beta' = 25°$.

PROBLÈMES DE RÉCAPITULATION

ET APPLICATIONS DIVERSES

§ I. — Exercices sur les formules.

201. Vérifier les égalités suivantes :

1° $\qquad sin\,(a+b)\ sin\,(a-b)=sin^2 a-sin^2 b\,;$

2° $\qquad cos\,(a+b)\ cos\,(a-b)=cos^2 a-sin^2 b.$

$\qquad\qquad$ (*Sorbonne*, 21 avril 1860 et 31 mars 1865.)

202. Vérifier la formule : $\ sin\,2a=\dfrac{2\,tg\,a}{1+tg^2\,a}.$

203. Vérifier la formule :

$$tg^2\,a-tg^2\,b=\frac{sin\,(a+b)\ sin\,(a-b)}{cos^2\,a\ cos^2\,b}.$$

204. Vérifier la formule : $\ tg\,(45^\circ+a)-tg\,(45^\circ-a)=2\,tg\,2a.$

$\qquad\qquad$ (*Sorbonne*, 10 juillet 1872.)

205. Dans un triangle, la médiane menée par l'un des sommets A divise cet angle en deux parties x et y; démontrer que l'on a la relation : $\dfrac{sin\,x}{sin\,y}=\dfrac{b}{c}$ (b *et* y *étant du même côté de la* médiane).

206. Démontrer géométriquement et par le calcul que les formules (8) et (10) relatives à $sin\,(a+b)$ et à $cos\,(a+b)$ sont vraies :

1° Quand a et b étant moindres que $\dfrac{\pi}{2}$, on a $a+b>\dfrac{\pi}{2}\,;$

2° Quand on augmente l'un de ces arcs de $\dfrac{\pi}{2}\,;$

3° Quand a et b sont deux arcs positifs quelconques ;

4° Quand a et b sont des arcs quelconques.

207. Démontrer que, dans un triangle, on a les relations suivantes :

1° $$\sin \tfrac{1}{2} A \; \sin \tfrac{1}{2} B \; \sin \tfrac{1}{2} C = \frac{S^2}{p \cdot abc} \, ;$$

2° $$\cos \tfrac{1}{2} A \; \cos \tfrac{1}{2} B \; \cos \tfrac{1}{2} C = \frac{pS}{abc} \, ;$$

3° $$tg \tfrac{1}{2} A \; tg \tfrac{1}{2} B \; tg \tfrac{1}{2} C = \frac{S}{p^2} \, ;$$

4° $$S = 2R^2 \sin A \, \sin B \, \sin C ;$$

5° $$tg\,A + tg\,B + tg\,C = tg\,A \; tg\,B \; tg\,C ;$$

6° $$\sin A + \sin B + \sin C = 4 \cos \tfrac{1}{2} A \; \cos \tfrac{1}{2} B \; \cos \tfrac{1}{2} C ;$$

(*Sorbonne*, 16 juillet 1869.)

7° $$\cos A + \cos B + \cos C = 1 + 4 \sin \tfrac{1}{2} A \; \sin \tfrac{1}{2} B \; \sin \tfrac{1}{2} C ;$$

(*Sorbonne*, 28 juillet 1866.)

8° $$\cos^2 A + \cos^2 B + \cos^2 C + 2\cos A \, \cos B \, \cos C = 1.$$

208. Étant donnés les trois côtés d'un triangle, 1° trouver les rayons du cercle inscrit et des trois cercles ex-inscrits; 2° démontrer que la surface du triangle égale la racine carrée du produit de ces quatre rayons.

209. Étant donnés les trois côtés d'un triangle, trouver les angles et les côtés du triangle ayant pour sommets les centres des trois cercles ex-inscrits.

210. Résoudre un triangle rectangle, connaissant le périmètre $2p$ et l'un des angles aigus B.

211. Résoudre un triangle rectangle, connaissant un angle aigu B et la différence des côtés de l'angle droit.

212. Résoudre un triangle, connaissant deux côtés a et b, et la différence A—B des angles opposés.

213. Résoudre un triangle, connaissant le périmètre $2p$ et les angles A, B, C.

214. Résoudre un triangle, connaissant sa surface S et les angles A, B, C.

215. Résoudre un triangle, connaissant les trois angles et le rayon r du cercle inscrit.

216. Résoudre un triangle, connaissant les trois angles et le rayon R du cercle circonscrit.

217. Étant donnés les côtés d'un quadrilatère inscriptible, calculer 1° les angles; 2° la surface; 3° les diagonales; 4° le rayon du cercle circonscrit.

§ II. — Problèmes numériques.

218. Trouver le plus petit angle positif satisfaisant à l'équation $tg\ 2x = 3\ tg\ x$.

Résoudre de la même manière les équations suivantes :

219. $5\ tg\ x = 6\ cos\ x$.	222. $tg\ x - cot\ x = 1$
220. $sin\ x = 2\ cos^2\ x$.	223. $2\ sin\ x = sin\ (45° - x)$.
221 $tg\ x + 3\ cot\ x = 4$.	224. $2\ sin\ x + 3\ cos\ x = 3$.

225. $\qquad 2\ sin\ (a + x) = sin\ a + cos\ a$.

226. On donne deux angles : $P = 23°57'19''$ et $Q = 21°16'46''$; calculer un 3e angle x tel que $sin\ x = sin\ P + sin\ Q$. (*Sorbonne,* 1er avril 1855.)

227. Un observateur se trouve à 56m du pied d'une tour haute de 35m. Sous quel angle voit-il cette tour, l'observation ayant lieu à 1m au-dessus du sol?

228. Un objet vertical de 1m,75 est vu sous un angle de 1°5'; à quelle distance est-on de cet objet?

229. Dans un cercle de 3m,45 de rayon, on veut inscrire un polygone régulier de 9 côtés, quelle sera la longueur du côté?

230. Dans un cercle de 196m,273 de rayon, quelle est la graduation d'un arc sous-tendu par une corde de 238m,355?

231. Le cercle polaire étant éloigné de 23°28' du pôle, quel est le diamètre de ce cercle? Le rayon de la terre peut être compté de 637 myriamètres.

232. Calculer le volume d'un cône de révolution ayant pour base un cercle de 1m de rayon, sachant que la génératrice fait avec la base un angle de 27° 17'.

233. La génératrice d'un cône de révolution a 2m,40; elle fait avec l'axe un angle de 22°. Quel est le volume de ce cône?

234. Dans un cercle de 8m de rayon, on a mené une corde qui sous-tend un arc de 62°21'; quelle est la surface du triangle compris entre cette corde et les rayons qui aboutissent à ses extrémités?

235. Une tour a 50^m de circonférence, les tangentes menées d'un point extérieur font un angle de 18°. Quelle est la distance de ce point au centre?

236. Dans le problème précédent, quel serait l'angle des tangentes, si le point extérieur était éloigné de 150^m du centre?

237. Mesurer la distance d'un lieu A à un autre inaccessible B. La base d'opération AC$=105^m$, l'angle A$=62°$ et l'angle C$=60°$.

238. Deux observateurs distants de 1 875^m mesurent au même moment les hauteurs d'un point remarquable d'un nuage. Ce point se trouve dans le plan vertical de la base d'observation, et les angles d'élévation ont 75° et 82°; on demande la hauteur du nuage.

239. Quelle est la vitesse (*espace parcouru en une seconde*) d'un point du parallèle terrestre sur lequel Paris est situé? On suppose le rayon terrestre de 6 366 kilomètres, et la latitude de Paris égale à 48°50′11″.

240. Calculer la surface d'un trapèze rectangle ABCD, dans lequel AB$=324^m,35$, CD$=208^m,15$; l'angle A$=90°$ et l'angle B$=32°25′$. (*Sorbonne*, 12 juillet 1858.)

241. Résoudre un triangle, connaissant un côté $a=1325^m,47$ et les deux angles adjacents B$=47°28′38″$ et C$=42°27′52″$. On calculera la surface.

242. Résoudre un triangle connaissant l'angle A$=47°9′50″$ et les côtés $b=1109,75$, et C$=1489,62$. On demande la surface.

243. On connaît les trois côtés d'un triangle $a=33^m,45$, $b=42^m,89$, $c=43^m,17$; on demande les trois angles et la surface.

244. Résoudre un triangle dans lequel on donne $a=204^m,182$, $c=394^m,82$ et C$=68°7′40″,9$. On calculera la surface.

245. Quels sont les angles et la surface d'un triangle dont les côtés sont : $a=1260$, $b=925$ et $c=1073$?

246. Résoudre un triangle, connaissant $a=5777^m$, A$=40°56′$ et B$=54°16′8″,48$. On demande la surface.

247. Calculer les angles et la surface d'un triangle dont les côtés sont : $a=12418^m,78$, $b=28381^m,17$ et $c=34218^m,95$. (Concours d'admission à l'*École polytechnique* en 1866.)

248. Calculer la hauteur d'un édifice accessible; la base mesurée a 28^m, et l'angle observé 48°10′.

249. Calculer la hauteur d'une tour inaccessible; la base mesurée a 48^m, et les angles d'élévation 44°7′ et 122°23′.

250. Déterminer la hauteur d'une tour verticale qui donne 54^m,25 d'ombre lorsque le soleil est élevé de 49°30′ au-dessus de l'horizon.

251. Une hélice enroulée sur un cylindre dont le diamètre égale 1^m,25, rampe sous un angle de 15°8′9″. On demande 1° quelle est la longueur de cette hélice, 2° quel en est le pas.

252. Trouver la hauteur d'une tour dont le pied est accessible. On sait que la hauteur du graphomètre est de 1^m,10, que la base d'opération a 83^m,57, et que le rayon visuel mené au sommet de la tour fait avec l'horizon un angle de 39°17′29″.

253. Trouver la distance d'un point A à un point C inaccessible. On sait que la base d'opération a 115^m,45 et que les 2 angles adjacents ont, l'un 49°17′28″, et l'autre 36°24′33″. (*Sorbonne*, 26 juillet 1855 et 19 août 1859.)

254. Calculer la distance de deux points inaccessibles C et D. On donne la base d'opération AB=3784^m et les angles CAB=87°25′, CBA=46°34′, DAB=47°32′, DBA=84°35′.

255. Résoudre un triangle rectangle connaissant l'hypoténuse $a = 4320$ et la hauteur $h = 2073^m,60$. On calculera la surface.

256. Un triangle rectangle a une surface de 81 678^{mc},3 640; l'un de ses angles a 38°,51′20′; on demande les autres éléments de ce triangle.

257. Un des angles d'un triangle a 35°18′46″, les deux côtés qui le comprennent ont 87^m et 72^m; on demande la surface en ares et centiares.

258. Calculer la surface d'un triangle isocèle de 176^m,40 de hauteur, l'angle au sommet étant de 47°24′18″.

259. Dans un triangle ABC, on a $a = 60^m$, $b = 40^m$, $c = 42^m$; on demande la longueur de la médiane AD et les angles qu'elle forme avec BC.

260. Calculer le rayon du cercle circonscrit à un triangle dont un côté $a = 354^m,20$, et l'angle opposé à ce côté A = 55°49′22″.

261. Calculer le volume engendré par un secteur circulaire AOB tournant autour d'un rayon OA=3^m, sachant que l'angle au centre $\alpha = 23°37′$. (*Sorbonne*, 1er août 1862.)

262. Calculer, à 0″,1 près, l'angle au sommet d'un triangle isocèle dont la base est égale à 3 452^m,634, et la surface égale à 5 864 372^{mq}.

3*

263. Calculer la surface d'un triangle, connaissant la hauteur $h = 4590^\mathrm{m},076$ et les angles α, β que forme cette hauteur avec les deux côtés adjacents; savoir : $\alpha = 8^\circ$ et $\beta = 15^\circ$.

264. Quel est le volume engendré par un triangle ABC tournant autour de AB, étant donnés : $a = 248^\mathrm{m},5678$, $b = 549^\mathrm{m},8725$ et $c = 456^\mathrm{m},9234$?

§ III. — Questions proposées à divers examens.

265. Quel est l'angle du premier quadrant dont le sinus est égal à $\dfrac{\sqrt{2}}{\sqrt{3}}$? (*Sorbonne, 7 août 1860 et 7 juillet 1862.*)

266. Calculer à $0'',1$ l'arc du premier quadrant dont la tangente est $\sqrt{\dfrac{2}{3}}$ (*Sorbonne, 27 avril 1860.*)

267. La tangente d'un angle étant égale à 1, quel est son sinus? (*Sorbonne, 29 juillet 1859.*)

268. Calculer à l'aide des formules trigonométriques, et à $0,0001$ près, la tangente de 30°. (*Sorbonne, 12 juillet 1859.*)

269. Étant donné un arc $a = 17^\circ 35' 44'',2$; calculer un autre arc x tel qu'on ait $\sin x = 2\sin a$. (*Sorbonne, 26 avril 1859.*)

270. Le cosinus d'un angle compris entre 90° et 180° étant égal à $-0,358$, on demande de calculer à $0,001$ près, et sans faire usage des logarithmes, le cosinus de la moitié de cet angle. (*Sorbonne, 7 novembre 1859, 7 novembre 1861, 14 juillet 1862 et 9 novembre 1863.*)

271. Le sinus d'un angle étant $\dfrac{1}{4}$, on demande les valeurs du sinus et du cosinus de la moitié de cet angle. (*Sorbonne, 16 novembre 1860, 16 juillet 1862 et 4 novembre 1863.*)

272. Étant donné $\cos a = 0,85742$, on demande de calculer $\sin\frac{1}{2}a$ et $\cos\frac{1}{2}a$. (*Sorbonne, 29 novembre 1859.*)

273. Quels sont les angles compris entre 0 et $1\,000^\circ$ qui ont pour cosinus $+0,548$? (*Sorbonne, 29 juillet 1859 et 2 août 1864.*)

274. On sait que le sinus d'un arc compris entre 90° et 180° a pour valeur $0,75825$, on demande de calculer le cosinus, la tan-

gente, la cotangente, la sécante et la cosécante du même arc, en affectant chacune de ces quantités du signe convenable. (*Sorbonne*, 22 juillet 1859.)

275. Trouver entre $0°$ et $45°$ un angle tel que la somme de son sinus et de son cosinus égale 1,15. (*Sorbonne*, 16 novembre 1861.)

276. Calculer, avec 7 chiffres décimaux, la valeur de l'expression $\dfrac{\sin 7x}{\sin x} - 2\cos 2x - 2\cos 4x - 2\cos 6x$, quand on suppose $x = 83°24'36''$. (*Sorbonne*, 20 juillet 1861.)

277. Calculer l'angle x déterminé par la relation suivante : $\sin(x+45°) + \sin(x+75°) = \sin 82°$. (*Sorbonne*, 23 juillet 1862.)

278. On donne la base a d'un triangle et les deux angles adjacents B et C; quel est le côté du carré inscrit dans ce triangle? (*Saint-Cyr*, examens oraux, 1864.)

279. D'un point M pris sur une circonférence de rayon donné R, on abaisse une perpendiculaire MP sur le rayon OA. On demande de déterminer le point M par la condition que la surface du triangle OMP soit égale à un carré donné m^2. (*Saint-Cyr*, 1864.)

280. Un observateur est placé en A sur le sommet d'une montagne, et sa vue s'étend jusqu'à un point C à l'horizon; il sait que le rayon visuel AC fait un angle α avec la verticale AO; le rayon R de la terre étant d'ailleurs connu, calculer la hauteur de la montagne. (*Saint-Cyr*, 1864.)

281. Trouver la condition pour que le rayon du cercle circonscrit à un triangle soit égal au triple du rayon du cercle inscrit. (*Saint-Cyr*, examens oraux, 1864.)

282. D'un point M extérieur à deux parallèles, on abaisse une perpendiculaire commune MAB, et une oblique MNP, telle que la partie NP interceptée soit égale à une longueur donnée d. On connaît la distance des parallèles $AB = a$ et la distance $MA = b$, et l'on demande de calculer l'angle $M = x$. (*Saint-Cyr*, examens oraux, 1864.)

283. Résoudre l'équation : $\sin x \, tg\, x + 2\cos x = m$; on indiquera les conditions de possibilité du problème. (*Saint-Cyr*, examens oraux, 1864.)

284. Sur le prolongement d'un diamètre BOC d'un cercle, on prend un point S par lequel on mène une tangente SA; on abaisse

du point de contact A une perpendiculaire AP sur le diamètre et l'on joint AO. Quelle valeur faut-il donner à l'angle $AOS = x$, pour qu'en faisant tourner la figure autour du diamètre, la surface latérale du cône engendré par SAP soit à celle de la zone engendrée par APC dans le rapport $\frac{m}{n}$? (*Saint-Cyr*, 1864.)

285. Sur l'un des côtés d'un angle droit AOB, on prend deux longueurs $OB = a$, $BC = b$, et l'on joint aux points B et C un point A du côté OA, de manière que l'angle BAC soit égal à un angle donné x. Quelle sera la longueur de OA? (*Saint-Cyr*, examens oraux, 1864.)

286. On donne, sur une circonférence de rayon R, un arc AD de m degrés. On joint un point B, situé sur le prolongement de OD au point A, et l'on mesure l'angle $BAC = \alpha$ extérieur au triangle AOB. Calculer la distance BD du point B au cercle. (*Saint-Cyr*, examens oraux, 1864.)

287. La surface d'un triangle est de $3\,428^{mq},65$; on connaît de plus la longueur de deux côtés, savoir : l'un $92^m,35$ et l'autre $103^m,57$; on demande l'angle compris entre ces deux côtés. (*Sorbonne*, 16 juillet 1862.)

288. Calculer le volume engendré par un triangle équilatéral de $7^m,35$ de côté, tournant autour d'une droite passant par son sommet et faisant avec le côté un angle de $18°$. (*Sorbonne*, 22 juillet 1859 et 28 juillet 1864.)

289. Dans un triangle ABC on donne $AC = 177^m,285$, $BC = 89^m,214$, l'angle $C = 69°10'12''$. Il s'agit de déterminer sur le côté AC le point M par lequel il faut abaisser sur AB la perpendiculaire MP, pour diviser le triangle en deux parties équivalentes. (*Sorbonne*, 28 juillet 1862.)

290. L'un des angles d'un losange circonscrit à un cercle de 68^m de rayon est de $43°24'37''$; calculer, à un décimètre carré près, la surface de ce losange. (*Sorbonne*, 4 novembre 1862 et 19 juillet 1865.)

291. Calculer l'angle au centre d'un secteur circulaire AOB, sachant que le volume du secteur sphérique engendré par la révolution de ce secteur circulaire tournant autour du rayon OA, est $\frac{1}{3}$ du volume entier de la sphère. (*Sorbonne*, 8 avril 1863, 11 avril 1862 et 11 novembre 1864.)

292. Calculer la tangente d'un arc égal au quart du quadrant,

sans recourir à l'emploi des tables trigonométriques. (*Sorbonne*, 20 avril 1863 et 11 novembre 1869.)

293. Calculer un angle x tel que l'on ait $2\,sin\,x = sin\,(45^{\circ} - x)$. (*Sorbonne*, 21 avril 1863, 11 novembre 1864.)

294. On a un angle $A = 44^{\circ}20'12''$; on mène par un point B pris sur l'un des côtés de l'angle, à une distance $AB = 107^{m}$, une droite BC, telle que la surface du triangle ABC soit de 6527^{mq}; on demande la longueur de la droite AC et la valeur de l'angle ABC. (*Sorbonne*, 18 juillet 1860.)

295. Quelle est la graduation d'un arc sous-tendu par une corde égale aux $\frac{2}{3}$ du diamètre? (*Sorbonne*, 18 juillet 1860, 1er août 1864 et 8 mai 1866.)

296. Calculer, à $\frac{1}{10}$ de seconde près, les angles d'un losange dont le périmètre égale $842^{m},693$, sachant que l'une des diagonales a $92^{m}355$. (*Sorbonne*, 16 novembre 1858.)

297. Trouver le rayon d'un cercle circonscrit à un triangle dont les trois côtés sont respectivement 249^{m}, 332^{m} et 415^{m}. (*Sorbonne*, 10 avril 1860.)

298. Dans un triangle BAC, on donne le côté $AB = 23^{m},215$, le côté $AC = 19^{m},419$, l'angle $BAC = 46^{\circ}29'37''$; on demande de calculer la longueur de la bissectrice de l'angle A. (*Sorbonne*, 5 août 1859.)

299. On donne dans un triangle ABC l'angle $B = 68^{\circ}26'17''$, l'angle $C = 75^{\circ},8'23''$ et la hauteur $AH = 148^{m},19$; on demande de calculer la longueur des trois côtés. (*Sorbonne*, 15 juillet 1859.)

300. Les trois côtés d'un triangle ABC étant respectivement $AB = 1551^{m}$, $AC = 2068^{m}$, $BC = 2585^{m}$; trouver la longueur de la droite AD qui joint le sommet A au milieu de BC. (*Sorbonne*, 13 avril 1859.)

301. On donne dans un triangle ABC les trois côtés; savoir $BC = 6^{m}$, $AB = 5^{m}$, $AC = 2^{m}$. On mène la bissectrice AI de l'angle A, et l'on demande de calculer 1° les surfaces des deux triangles ACI et ABI; 2° la longueur de la parallèle IM à AC, terminée au côté AB en M. (*Sorbonne*, 18 avril 1859.)

302. Un côté d'un triangle a pour valeur $35^{m},42$; les deux angles adjacents ont, l'un $48^{\circ}52'13''$ et l'autre $75^{\circ}18'25''$. Résoudre ce triangle et calculer la surface. (*Sorbonne*, 28 avril 1858.)

303. Étant donné, dans un triangle, l'angle $C = 84°32'18'',4$ et les deux côtés qui comprennent cet angle : $a = 23824,52$ et $b = 15642,34$; trouver A, B et le côté c. (*École polytechnique*, 1864.)

304. La bissectrice de l'angle droit d'un triangle rectangle partage l'hypoténuse en deux segments dont les longueurs sont $4^m,319$ et $5^m,238$; on demande de calculer les angles de ce triangle. (*Sorbonne*, 10 novembre 1862 et 6 avril 1865.)

305. Résoudre un triangle, connaissant le périmètre $2p = 1254$, 345 et deux angles, savoir : $A = 98°35'28''6$; $B = 42°39'18'',8$. (*École polytechnique*, 1852.)

306. Calculer les côtés d'un triangle dont le périmètre $2p = 1^m,20$, et dont les angles A et B ont respectivement pour valeur $35°17'15''$ et $62°43'30''$. (*Concours général*, 1854.)

307. Calculer la distance de deux points inaccessibles A et B, connaissant une base d'opération $CD = 394^m,82$,

$$\text{l'angle } ACD = 83°11'27'',8$$
$$\text{l'angle } BCD = 41°10'32'',7$$
$$\text{l'angle } BDC = 75°28'41'',6$$
et
$$\text{l'angle } ADC = 28°40'51'',3.$$

On fera une vérification en calculant la distance BD, d'abord dans le triangle BCD, puis dans le triangle ABD. (*Saint-Cyr*, 21 juillet 1854.)

308. On connaît deux côtés d'un triangle et l'angle compris ; savoir : $a = 25824,52$, $b = 15642,34$, $C = 84°32'18'',4$. Déterminer les angles A et B et le côté c. (*École polytechnique*, 1868.)

309. Calculer les angles d'un triangle dont les côtés sont : $a = 12515,78$, $b = 22637,25$, $c = 18916,29$. (*École polytechnique*, 1869.)

310. On donne dans un triangle : $a = 2597,85$, $b = 3084,33$ et $A = 56°12'47'$; déterminer les autres éléments. Vérification. (*École centrale*, août 1864.)

311. Étant donnés les trois côtés d'un triangle : $a = 1402,448$, $b = 876,53$, $c = 1227,142$; calculer 1° les angles et la surface ; 2° l'aire comprise entre les cercles inscrit et circonscrit. (*École centrale*, août 1866.)

312. Connaissant deux côtés d'un triangle : $a = 4565,72$, $b = 983,45$ et l'angle compris $C = 75°23'54''$; calculer les deux autres angles, le 3° côté, la surface et le rayon du cercle ex-inscrit compris dans l'angle C. (*École centrale*, octobre 1866.)

313. La hauteur SA d'un point S au-dessus d'un plan horizontal ABC est de 427^m,854. Les deux droites SB et SC font, avec la verticale SA, des angles égaux dont la valeur commune est 55°18′27″. Ces mêmes droites font entre elles un angle BSC de 28°44′35″. Cela posé, on demande de calculer : 1° les arêtes AB, SC et BC de la pyramide SABC; 2° l'angle BAC; 3° le volume de la pyramide SABC. (*Saint-Cyr*, 1866.)

314. Étant donné le demi-cercle BCA, dont le rayon vaut 6366^m,739, on tire le rayon OC, faisant avec OA un angle $\alpha = 23°17′14″,3$. Au point C on mène la tangente au cercle, qui coupe au point D le prolongement de OA, et l'on demande de calculer : 1° le volume engendré par le triangle rectangle OCD tournant autour de l'hypoténuse OD; 2° la valeur qu'il faudrait attribuer à l'angle α, pour que le volume engendré par le triangle OCD fût double de celui qu'engendre le secteur circulaire OCA. (*Saint-Cyr*, 1867.)

315. Les rayons de deux circonférences sont, l'un de 3^m, l'autre de 4^m, et la distance des centres est 2^m. On demande de calculer :

1° La surface du triangle qui a pour base la ligne des centres, et pour sommet l'un des points d'intersection des deux circonférences;

2° La longueur de la corde commune aux deux circonférences ;

3° Les longueurs des arcs sous-tendus par cette corde;

4° La valeur de la surface commune aux deux cercles. (*Saint-Cyr*, 1864.)

Problèmes supplémentaires.

(Ces questions ont été recueillies dans divers Examens.)

316. Trouver la graduation de l'arc dont la longueur égale le sinus de 30°.

317. Calculer, au moyen de la Trigonométrie, l'expression
$$\sqrt{2} + \sqrt{3}.$$

318. Trouver les lignes trigonométriques de l'arc de 15°.

319. Calculer $\sin 2a$ en fonction de $\cos a$.

320. Exprimer $\sin 2a$, $\cos 2a$ et $\operatorname{tg} 2a$ en fonction de $\operatorname{tg} a$.

321. Étant donné $tg \dfrac{a}{2} = \sqrt{2} - 1$, trouver $sin\, a$, $cos\, a$ et $tg\, a$.

322. Vérifier la formule $\quad tg\, \dfrac{1}{2}\, a = \dfrac{-1 + \sqrt{1 + tg^2\, a}}{tg\, a}\quad$ pour $a = 90°$ et pour $a = 0°$.

323. Vérifier les formules qui donnent les lignes trigonométriques de l'arc a en fonction de $tg\, a$ pour $a = 90°$.

324. Vérifier les formules suivantes :

$1°$ $\qquad\qquad\qquad tg\, \dfrac{1}{2}\, a = coséc\, a - cot\, a ;$

$2°$ $\qquad\qquad\qquad cot\, a = coséc\, 2a + cot\, 2a ;$

$3°$ $\qquad\qquad\quad cot\, \dfrac{1}{2}\, a - tg\, \dfrac{1}{2}\, a = 2\, cot\, a.$

325. Vérifier que l'on a, entre les trois angles d'un triangle, les relations suivantes :

$1°$ $\qquad sin\, 2A + sin\, 2B + sin\, 2C = 4\, sin\, A\, sin\, B\, sin\, C ;$

$2°$ $\qquad sin\, 2A + sin\, 2B - sin\, 2C = 4\, cos\, A\, cos\, B\, sin\, C ;$

$3°$ $\qquad cot\, A\, cot\, B + cot\, A\, cot\, C + cot\, B\, cot\, C = 1.$

326. Calculer $sin\, m$, lorsque m est plus petit que 10 secondes.

327. Résoudre l'équation : $sin\, x + cos\, x = a$.

328. Résoudre : $tg^2\, x + cot^2\, x = m^2$.

329. Résoudre : $\dfrac{a}{sin\, x} + \dfrac{a}{cos\, x} = b$.

330. Trouver l'arc dont la cotangente est égale au cosinus.

331. Résoudre : $sin\, x + sin\, (a - x) = m$.

332. Trouver le sinus et le cosinus de l'angle x qui satisfait à l'équation : $tg\, 2x = 3\, tg\, x$.

333. Déterminer l'angle x tel que : $tg\, x = tg\, 37° - cot\, 74°$.

334. Déterminer l'angle x d'après la relation :

$$cot^2\, x - séc^2\, x = \dfrac{1}{4}.$$

335. Trouver un arc positif satisfaisant à l'équation :

$$3\, cos^2\, x + 2\, sin^2\, x = 2,75.$$

336. Trouver les plus petits arcs positifs qui satisfont à l'équation : $5\, sin^2\, x - 2\, cos^2\, x - 3\, sin\, x\, cos\, x = 0.$

337. Trouver x dans l'équation : $\dfrac{sin\, (27° + x)}{sin\, x} = 1,2$.

338. Maximum de $sin\, x\, cos\, x$.

339. Maximum ou minimum de $\dfrac{1+\sin x}{\sin x\,(1-\sin x)}$.

340. Maximum de $\sin x+\cos x$.

341. Étant donné $x+y=a$, quantité constante, trouver le maximum de $\sin x \,\sin y$ et de $\cos x \,\cos y$.

342. Maximum du produit $(5-\sin x)(2+\sin x)$.

343. De tous les triangles qui ont même base et même angle au sommet, quel est celui dont la surface est maximum?

344. Trouver le rectangle maximum inscrit dans un secteur circulaire de rayon R.

345. Des relations $\dfrac{a}{\sin A}=\dfrac{b}{\sin B}=\dfrac{c}{\sin C}$, déduire les relations : $a=b\cos C+c\cos B$ et $a^2=b^2+c^2-2bc\cos A$, écrites pour les trois côtés d'un triangle.

346. Réciproquement, des relations $a^2=b^2+c^2-2bc\cos A$ écrites pour les trois côtés d'un triangle, déduire

$$a=b\cos C+c\cos B,\ \text{etc.,}\ \text{et}\ \frac{a}{\sin A}=\frac{b}{\sin B}=\frac{c}{\sin C}.$$

347. Trouver la surface d'un triangle dont on connaît deux côtés a, b, et l'angle A opposé à l'un d'eux.

348. Discuter la formule $a^2=b^2+c^2-2bc\cos A$, pour en déduire les conditions dans lesquelles le deuxième cas. des triangles admettra une, deux ou 0 solutions.

349. Trouver la surface d'un triangle isocèle dont on connaît la base a et les angles adjacents égaux B et C, ou les deux côtés égaux et l'angle compris.

350. Par un point D pris sur un côté AC d'un triangle, mener une transversale DE qui divise le triangle en deux parties équivalentes. (On déterminera AE$=x$.)

351. Calculer les trois hauteurs d'un triangle en fonction des trois côtés.

352. Dans un triangle, on connaît un côté c et les angles adjacents A et B; calculer la bissectrice de l'angle A et le segment adjacent à AB.

353. Étant donnés les trois côtés d'un triangle, calculer la bissectrice de l'un des angles.

354. Résoudre un triangle rectangle, connaissant : 1° les rayons r et R des cercles inscrit et circonscrit; 2° le rayon R et un angle B ou le rapport $\dfrac{b}{c}$ des côtés de l'angle droit.

355. Résoudre un triangle, connaissànt l'angle au sommet A, sa bissectrice AI, et la hauteur AD.

356. Résoudre un triangle, connaissant le périmètre $2p$, un angle A et le rayon R du cercle circonscrit; ou connaissant R, a et B.

357. Résoudre un triangle, connaissant un côté a, le rayon r du cercle inscrit, et la somme $b+c$ ou la différence $b-c$ des deux autres côtés.

358. Résoudre un triangle, connaissant la surface S, le péri-mètre $2p$ et un angle A.

359. Résoudre un triangle, connaissant la base a, l'angle au sommet A et la hauteur h.

360. Résoudre un triangle, connaissant deux côtés b et c, et la bissectrice de l'angle A compris.

361. Calculer l'angle dièdre du tétraèdre régulier.

362. D'un point M de la circonférence circonscrite à un triangle équilatéral de côté a, on mène des cordes aux trois sommets; l'une de ces cordes étant connue, par exemple AM$=m$, trouver les longueurs des deux autres.

363. Trouver la surface d'un polygone irrégulier circonscrit à un cercle de rayon R, connaissant les angles A, B, C..., de ce polygone.

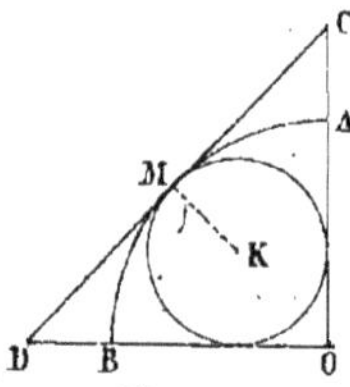

Fig. 52.

364. On donne une circonférence de rayon R et deux rayons rectangulaires OA et OB; on inscrit un cercle dans le secteur OAMB, et l'on mène la tangente CD commune en M. Exprimer 1° la grandeur des trois côtés du triangle OCD, 2° celle du rayon du cercle inscrit, en fonction du rayon donné R.

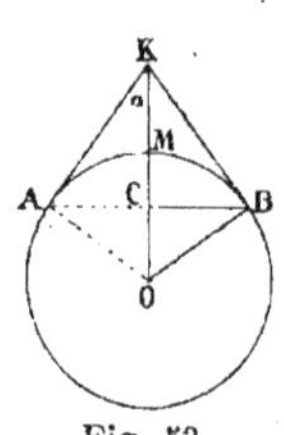

Fig. 53.

365. On donne un cercle de rayon OM$=$R; on mène en un point B une tangente BK, et l'on abaisse la perpendiculaire BC sur OM, puis on fait tourner la figure autour de ce rayon OM prolongé. Quelle valeur faut-il donner à l'angle KOB$=x$, pour que la surface latérale du cône décrit par BK soit à la surface de la zone que décrit BM dans le rapport $\dfrac{m}{n}$?

366. On donne un cercle de rayon R (fig. 53); par un point

extérieur K on mène deux tangentes AK et BK formant un angle $\alpha = 60°$. On demande de calculer la surface AMBK, comprise entre les tangentes et le cercle.

367. Trouver l'aire d'une zone, connaissant le rayon R de la sphère, l'angle α des rayons menés aux extrémités de l'arc générateur de la zone, et l'angle β que forme l'un de ces rayons avec l'axe. Trouver le volume du secteur sphérique engendré.

368. Calculer le côté du polygone régulier de n côtés inscrit dans le cercle trigonométrique, et le côté du polygone circonscrit semblable.

369. Calculer la surface du polygone régulier de n côtés, 1° inscrit dans un cercle de rayon R, et 2° circonscrit. *Application* : Calculer la surface du pentédécagone régulier inscrit dans un cercle de rayon $R = 548^m,764$.

370. Trouver le rayon du cercle dans lequel 1° les aires des pentédécagones inscrit et circonscrit diffèrent de 248^m; 2° les périmètres des pentagones inscrit et circonscrit diffèrent de 1 décimètre; et 3° les surfaces des mêmes pentagones diffèrent de 1 décimètre carré.

TABLEAU

DES PRINCIPALES FORMULES DE LA TRIGONOMÉTRIE

Formules fondamentales.

$$sin^2\, a + cos^2\, a = 1$$

$$sin\, a = \sqrt{1 - cos^2\, a}\,;\ cos\, a = \sqrt{1 - sin^2\, a}\,.$$

$$tg\, a = \frac{sin\, a}{cos\, a}$$

$$sec\, a = \frac{1}{cos\, a}$$

$$cotg\, a = \frac{cos\, a}{sin\, a} = \frac{1}{tg\, a}$$

$$coséc\, a = \frac{1}{sin\, a}$$

Formules qui s'en déduisent.

$$sin\, a = \frac{tg\, a}{\sqrt{1 + tg^2\, a}}$$

$$cos\, a = \frac{1}{\sqrt{1 + tg^2\, a}}$$

$$séc\, a = \sqrt{1 + tg^2\, a}$$

$$coséc\, a = \sqrt{1 + \frac{1}{tg^2\, a}}$$

Lignes trigonométriques de la somme ou de la différence de deux arcs :

$$sin(a + b) = sin\, a\, cos\, b + sin\, b\, cos\, a\,.$$

$$sin(a - b) = sin\, a\, cos\, b - sin\, b\, cos\, a\,.$$

$$cos(a + b) = cos\, a\, cos\, b - sin\, a\, sin\, b\,.$$

$$\cos(a-b) = \cos a \cos b + \sin a \sin b.$$

$$tg(a+b) = \frac{tg\ a + tg\ b}{1 - tg\ a\ tg\ b}$$

$$tg(a-b) = \frac{tg\ a - tg\ b}{1 + tg\ a\ tg\ b}$$

$$cotg(a+b) = \frac{cot\ a\ cot\ b - 1}{cotg\ a + cot\ b}$$

$$cotg(a-b) = \frac{cot\ a\ cot\ b + 1}{cot\ b - cot\ a}$$

Multiples et sous-multiples des arcs :

$$\sin 2a = 2 \sin a \cos a \quad \text{ou} \quad \sin a = 2 \sin \tfrac{1}{2}a \cos \tfrac{1}{2}a.$$

$$\cos 2a = \cos^2 a - \sin^2 a.$$

$$tg\ 2a = \frac{2\ tg\ a}{1 - tg^2 a} \quad \text{ou} \quad tg\ a = \frac{2\ tg\ \tfrac{1}{2}a}{1 - tg^2 \tfrac{1}{2}a}.$$

$$\sin \tfrac{1}{2}a = \sqrt{\frac{1 - \cos a}{2}} \quad \text{d'où} \quad \cos a = 1 - 2 \sin^2 \tfrac{1}{2}a$$

$$\cos \tfrac{1}{2}a = \sqrt{\frac{1 + \cos a}{2}}$$

$$tg\ \tfrac{1}{2}a = \sqrt{\frac{1 - \cos a}{1 + \cos a}}.$$

$$\sin \tfrac{1}{2}a = \frac{\pm\sqrt{1 + \sin a} \pm \sqrt{1 - \sin a}}{2}.$$

$$\cos \tfrac{1}{2}a = \frac{\pm\sqrt{1 + \sin a} \pm \sqrt{1 - \sin a}}{2}.$$

$$tg\ \tfrac{1}{2}a = \frac{-1 \pm \sqrt{1 + tg^2 a}}{tg\ a}.$$

Somme et différence des lignes trigonométriques rendues calculables par logarithmes :

$$\sin p + \sin q = 2 \sin \tfrac{1}{2}(p+q) \cos \tfrac{1}{2}(p-q)$$

$$\sin p - \sin q = 2 \sin \tfrac{1}{2}(p-q) \cos \tfrac{1}{2}(p+q)$$

$$\cos p + \cos q = 2\cos\frac{1}{2}(p+q)\cos\frac{1}{2}(p-q)$$

$$\cos q - \cos p = 2\sin\frac{1}{2}(p+q)\sin\frac{1}{2}(p-q)$$

$$\frac{\sin p + \sin q}{\sin p - \sin q} = \frac{tg\frac{1}{2}(p+q)}{tg\frac{1}{2}(p-q)}\;.$$

$$tg\,a + tg\,b = \frac{\sin(a+b)}{\cos a\;\cos b}$$

$$tg\,a - tg\,b = \frac{\sin(a-b)}{\cos a\;\cos b}$$

$$\cot a + \cot b = \frac{\sin(a+b)}{\sin a\;\sin b}$$

$$\cot a - \cot b = \frac{\sin(a-b)}{\sin a\;\sin b}\cdot$$

$$\sin^2 a - \sin^2 b = \sin(a+b)\sin(a-b)\,.$$

$$\cos^2 a - \sin^2 b = \cos(a+b)\cos(a-b)\,.$$

Résolution des triangles.

Formules pour la résolution des triangles rectangles.

1er Cas. Données $\qquad\qquad a\,,\,\mathrm{B}$

$$\mathrm{C} = 90^\circ - \mathrm{B}$$
$$b = a\,\sin \mathrm{B}$$
$$c = a\,\cos \mathrm{B}$$
$$\mathrm{S} = \tfrac{1}{2}bc = \tfrac{1}{2}a^2\,\sin \mathrm{B}\,\cos \mathrm{B} = \tfrac{1}{4}a^2\,\sin 2\mathrm{B}\,.$$

2e Cas. Données $\qquad\qquad b\,,\,\mathrm{B}$

$$\mathrm{C} = 90^\circ - \mathrm{B}$$
$$a = \frac{b}{\sin \mathrm{B}}$$
$$c = b\,\cot \mathrm{B}$$
$$\mathrm{S} = \tfrac{1}{2}bc = \tfrac{1}{2}b^2\,\cot \mathrm{B}\,.$$

3ᵉ Cas. Données　　　　a , b

$$cos\, C = \frac{b}{a} \quad ou \quad tg\,\frac{1}{2}\,C = \sqrt{\frac{a-b}{a+b}}$$

$$B = 90° - c$$

$$c = a\, sin\, C \quad ou \quad c = \sqrt{(a+b)(a-b)}$$

$$S = \frac{1}{2}\,ab\, sin\, C.$$

4ᵉ Cas. Données　　　　$b , c.$

$$tg\, B = \frac{b}{c} = cot\, C$$

$$a = \frac{b}{sin\, B} \quad ou \quad a = \sqrt{b^2 + c^2},$$

$$S = \frac{1}{2}\,bc.$$

Formules pour la résolution des triangles quelconques.

1ᵉʳ Cas. Données　　　　$a ,\, B ,\, C.$

$$A = 180° - (B + C),$$

$$b = \frac{a\, sin\, B}{sin\, A},$$

$$c = \frac{a\, sin\, C}{sin\, A},$$

$$S = \frac{1}{2}\,a^2 \cdot \frac{sin\, B\, sin\, C}{sin\, A}.$$

2ᵉ Cas. Données　　　　$a ,\, b ,\, A.$

$$sin\, B = \frac{b\, sin\, A}{a},$$

$$c = 180° - (A + B),$$

$$c = \frac{a\, sin\, C}{sin\, A}.$$

Si　$A \geqq 90°$　on a　$a > b$,　le problème n'a qu'une solution.

Si　$A < 90°$　mais　$a > b$,　il n'y a qu'une solution.

Si　$A < 90°$　et　$a < b$,　le problème a 2 solutions.

3ᵉ Cas. Données $\qquad a, b, \mathrm{C}.$

$$tg \tfrac{1}{2}(\mathrm{A}-\mathrm{B}) = \frac{a-b}{a+b}\, cot \frac{\mathrm{C}}{2}.$$

$$\tfrac{1}{2}(\mathrm{A}+\mathrm{B}) = 90^\circ - \frac{\mathrm{C}}{2},$$

$$c = \frac{a\, sin\, \mathrm{C}}{sin\, \mathrm{A}} \quad \text{ou mieux :} \quad c = \frac{(a+b)\, sin\, \frac{\mathrm{C}}{2}}{cos\, \varphi},$$

$$\varphi = \tfrac{1}{2}(\mathrm{A}-\mathrm{B}),$$

$$\mathrm{S} = \tfrac{1}{2}\, ab\, sin\, \mathrm{C}.$$

4ᵉ Cas. Données $\qquad a, b, c.$

$$sin\, \tfrac{1}{2}\mathrm{A} = \sqrt{\frac{(p-b)(p-c)}{bc}},$$

$$sin\, \tfrac{1}{2}\mathrm{B} = \sqrt{\frac{(p-a)(p-c)}{ac}}.$$

$$sin\, \tfrac{1}{2}\mathrm{C} = \sqrt{\frac{(p-a)(p-b)}{ab}},$$

$$cos\, \tfrac{1}{2}\mathrm{A} = \sqrt{\frac{p(p-a)}{bc}},$$

$$cos\, \tfrac{1}{2}\mathrm{B} = \sqrt{\frac{p(p-b)}{ac}},$$

$$cos\, \tfrac{1}{2}\mathrm{C} = \sqrt{\frac{p(p-c)}{ab}},$$

$$tg\, \tfrac{1}{2}\mathrm{A} = \sqrt{\frac{(p-b)(p-c)}{p(p-a)}} = \frac{r}{p-a},$$

$$tg\, \tfrac{1}{2}\mathrm{B} = \sqrt{\frac{(p-a)(p-c)}{p(p-b)}} = \frac{r}{p-b},$$

$$tg\, \tfrac{1}{2}\mathrm{C} = \sqrt{\frac{(p-a)(p-b)}{p(p-c)}} = \frac{r}{p-c},$$

$$\mathrm{S} = \sqrt{p(p-a)(p-b)(p-c)} = pr,$$

$$\mathrm{S} = p^2 . tg\, \tfrac{1}{2}\mathrm{A} . tg\, \tfrac{1}{2}\mathrm{B} . tg\, \tfrac{1}{2}\mathrm{C}.$$

Expressions des rayons R, r, r′, r″, r‴ des cercles circonscrit, inscrit ou ex-inscrit.

($r′$ désigne le cercle ex-inscrit compris dans l'angle A, $r″$ celui qui est compris dans l'angle B, et $r‴$ celui qui est compris dans l'angle C.)

$$2R = \frac{a}{sin\,A} = \frac{b}{sin\,B} = \frac{c}{sin\,C},$$

$$R = \frac{p}{4\,cos\frac{1}{2}A\ cos\frac{1}{2}B\ cos\frac{1}{2}C}.$$

$$R = \frac{abc}{4S}.$$

$$r = \sqrt{\frac{(p-a)(p-b)(p-c)}{p}},$$

$$r = (p-a)\,tg\frac{1}{2}A = (p-b)\,tg\frac{1}{2}B = (p-c)\,tg\frac{1}{2}C,$$

$$r′ = p\,tg\frac{1}{2}A = (p-b)\,cot\frac{1}{2}C = (p-c)\,cot\frac{1}{2}B.$$

$$r″ = p\,tg\frac{1}{2}B = (p-c)\,cot\frac{1}{2}A = (p-a)\,cot\frac{1}{2}C.$$

$$r‴ = p\,tg\frac{1}{2}C = (p-a)\,cot\frac{1}{2}B = (p-b)\,cot\frac{1}{2}A.$$

Autres expressions de la surface du triangle.

$$S = pr = (p-a)\,r′ = (p-b)\,r″ = (p-c)\,r‴ = \sqrt{r\,r′\,r″\,r‴}.$$

$$S = r^2\,cot\frac{1}{2}A\ cot\frac{1}{2}B\ cot\frac{1}{2}C.$$

$$S = 2R^2\,sin\,A\ sin\,B\ sin\,C,$$

$$S = r′^2\,cot\frac{1}{2}A\ tg\frac{1}{2}B\ tg\frac{1}{2}C.$$

Si $\quad A+B+C=180°,\quad$ on a :

$$tg\ A+\ tg\ B+\ tg\ C=tg\ A\ tg\ B\ tg\ \dot{C},$$

$$\sin A+\sin B+\sin C=4\cos\tfrac{1}{2}A\ \cos\tfrac{1}{2}B\ \cos\tfrac{1}{2}C,$$

$$\cos^2 A+\cos^2 B+\cos^2 C+2\cos A\ \cos B\ \cos C=1.$$

Logarithmes de quelques nombres :

$$\log 2=0{,}301\,0300. \qquad -\log 2=\overline{1}{,}698\,9700.$$

$$\log \pi=0{,}497\,1499. \qquad -\log \pi=\overline{1}{,}502\,8501.$$

$$\log 360°=2{,}556\,3025.$$

$$\log 1296\,000''=6{,}112\,6050.$$

APPENDICE

———

§ Ier. — Équations du 2e degré.

73. Les racines de l'équation du 2e degré, ramenée à la forme
$x^2 + px + q = o$, sont données par la relation :

$$x = -\frac{p}{2} \pm \sqrt{\frac{p^2}{4} - q} \cdot \quad (1)$$

Pour rendre cette formule logarithmique, écrivons d'abord :

$$x = -\frac{p}{2} \left(1 \pm \sqrt{1 - \frac{4q}{p^2}} \right) \cdot \quad (2)$$

Cela posé, distinguons 1° le cas où les racines sont de même signe,
et 2° celui où elles sont de signes contraires. Nous supposons d'ailleurs que les racines sont réelles.

1° Dans le 1er cas on a q positif, et, les racines étant réelles,
$\frac{p^2}{4} - q > 0$; donc $\frac{4q}{p^2}$ est positif et inférieur à l'unité. On peut donc
poser :

$$sin^2 \varphi = \frac{4q}{p^2},$$

ce qui donne pour φ une valeur réelle calculable par logarithmes. Il
en résulte pour la formule (2) :

$$x = -\frac{p}{2} (1 \pm \sqrt{1 - sin^2 \varphi}) = -\frac{p}{2} (1 \pm cos \varphi)$$

ou en séparant les racines :

$$x' = -\frac{p}{2} (1 + cos \varphi) = -p \, cos^2 \frac{\varphi}{2}.$$

$$x'' = -\frac{p}{2} (1 - cos \varphi) = -p \, sin^2 \frac{\varphi}{2}.$$

2° Dans le 2e cas, q est négatif; $-\frac{4q}{p^2}$ est donc positif, et l'on peut
poser $tg^2 \varphi = -\frac{4q}{p^2}$. Par suite de la formule (2) devient :

$$x = -\frac{p}{2} (1 \pm \sqrt{1 + tg^2 \varphi}) = -\frac{p}{2} (1 \pm séc \varphi) = -\frac{p}{2} \left(1 \pm \frac{1}{cos \varphi} \right);$$

ou en séparant les racines :

$$x' = -\frac{p}{2}\left(\frac{\cos\varphi+1}{\cos\varphi}\right) = -\frac{p}{2}\times\frac{2\cos^2\frac{1}{2}\varphi}{\cos\varphi} = -\frac{p\cos^2\frac{\varphi}{2}}{\cos\varphi}.$$

$$x'' = -\frac{p}{2}\left(\frac{\cos\varphi-1}{\cos\varphi}\right) = \frac{p}{2}\times\frac{2\sin^2\frac{1}{2}\varphi}{\cos\varphi} = \frac{p\sin^2\frac{\varphi}{2}}{\cos\varphi}.$$

§ II. — Équations du 3ᵉ degré.

74. Proposons-nous d'abord de trouver les valeurs de $\cos\frac{1}{3}a$ en fonction de $\cos a$, ou celles de $\sin\frac{1}{3}a$ en fonction de $\sin a$.

Dans $\cos(a+b) = \cos a \cos b - \sin a \sin b$, faisons $b = 2a$, il vient :
$$\cos 3a = \cos a \cos 2a - \sin a \sin 2a;$$
or $\qquad \sin 2a = 2\sin a \cos a, \quad \cos 2a = \cos^2 a - \sin^2 a,$

donc $\qquad \cos 3a = \cos^3 a - 3\sin^2 a \cos a,$ ou en remplaçant $\sin^2 a$ par $1 - \cos^2 a$: $\cos^3 a = 4\cos^3 a - 3\cos a,$

qui peut s'écrire : $\qquad \cos a = 4\cos^3\frac{1}{3}a - 3\cos\frac{1}{3}a.$

Si, dans cette relation, on demande la valeur de $\cos\frac{1}{3}a = x$, étant donné $\cos a = b$, on aura à résoudre l'équation :
$$x^3 - \frac{3}{4}x - \frac{b}{4} = 0. \qquad (\text{A})$$

Or on a $b < 1$, donc la condition $\left(\frac{p}{3}\right)^3 - \left(\frac{q}{2}\right)^2 < 0$, c'est-à-dire $\left(-\frac{3}{12}\right)^3 + \left(-\frac{b}{8}\right)^2 < 0$ est remplie, et les trois racines sont réelles.

Voici comment on peut les obtenir :

Tous les arcs qui ont un *cosinus* donné sont compris dans la formule (n°19) $2K\pi \pm a$, a étant l'arc qui dans les deux premiers quadrants a pour cosinus la valeur proposée. Les valeurs de x sont donc toutes les valeurs différentes renfermées dans la relation $\cos\left(\frac{2k\pi \pm a}{3}\right)$.

Or K étant un nombre entier, ne peut avoir que l'une des trois formes :
$$3n, \quad 3n+1, \quad 3n+2;$$
les valeurs de x, ou les racines de (1) seront alors :
$$\cos\left(2n\pi \pm \frac{a}{3}\right) = \cos\left(\frac{\pm a}{3}\right) = \cos\frac{a}{3}$$
$$\cos\left(2n\pi + \frac{2\pi}{3} \pm \frac{a}{3}\right) = \cos\left(\frac{2\pi}{3} \pm \frac{a}{3}\right)$$
et $\qquad \cos\left(2n\pi + \frac{4\pi}{3} \pm \frac{a}{3}\right) = \cos\left(\frac{4\pi}{3} \pm \frac{a}{3}\right) = \cos\left(\frac{2\pi}{3} \mp \frac{a}{3}\right);$

ces relations se réduisent aux 3 suivantes :

$$\cos\frac{a}{3}, \quad \cos\left(\frac{2\pi+a}{3}\right) \quad \text{et} \quad \cos\left(\frac{4\pi+a}{3}\right)$$

Si l'on prend $\mathrm{AM}=\frac{a}{3}$ et si l'on forme le triangle équilatéral MNP²

on aura :

$\mathrm{AN}=\frac{2\pi+a}{3}$, $\mathrm{ANP}=\frac{4\pi+a}{3}$. Les perpendiculaires M$m$, N$n$, P$p$ abaissées des som-
mets du triangle équilatéral sur BB', représentent, prises avec les signes convenables, les
racines de l'équation (A).

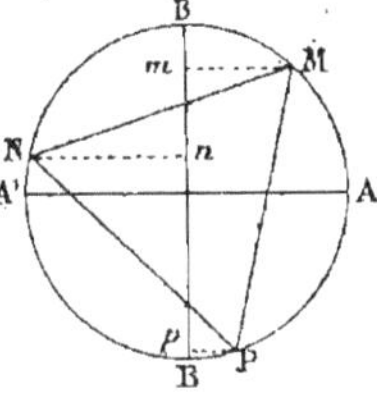

Fig. 54.

Comme la somme de ces racines est nulle,
on en déduit ce théorème de Géométrie : *Si
des trois sommets d'un triangle équilatéral, on
abaisse des perpendiculaires sur un diamètre
quelconque du cercle circonscrit, la somme
des deux perpendiculaires situées d'un même côté de ce diamètre sera
égale à la perpendiculaire située de l'autre côté.*

On suivrait la même marche pour trouver $\sin\frac{1}{3}a$ en fonction de
$\sin a$.

75. Soit maintenant à RÉSOUDRE L'ÉQUATION DU 3ᵉ DEGRÉ ramenée à
la forme :

$$x^3 + px + q = 0 \tag{1}$$

lorsque les racines sont *réelles et inégales.*

Nous venons de trouver les racines de l'équation :

$$x^3 - \frac{3}{4}x - \frac{\cos a}{4} = 0; \tag{A}$$

si nous pouvons *identifier* ces deux équations, le problème sera resolu.

Posons $x = \rho y$, l'équation (1) deviendra :

$$y^3 + \frac{p}{\rho^2}y + \frac{q}{\rho^3} = 0. \tag{2}$$

Les équations (A) et (2) seront identiques si l'on détermine ρ et a de
telle manière que $\frac{p}{\rho^2} = -\frac{3}{4}$ et $\frac{q}{\rho^3} = -\frac{\cos a}{4}$, c'est-à-dire si

$$\rho = 2\sqrt{-\frac{p}{3}} \quad \text{et} \quad \cos a = \frac{-\frac{q}{2}}{\sqrt{\left(-\frac{p}{3}\right)^3}}.$$

Pour que ces valeurs soient admissibles, il faut que p soit négatif et
que la valeur de $\cos a$ soit plus petite que 1, ce qui fournit la condition :

$$\left(-\frac{p}{3}\right)^3 > \left(\frac{q}{2}\right)^2 \quad \text{ou} \quad \left(\frac{p}{3}\right)^3 + \left(\frac{q}{2}\right)^2 < 0.$$

Les valeurs de ρ et de $\cos a$ étant étant déterminées, celles de x seront :

$$\rho \cos \frac{a}{3}, \quad \rho \cos \frac{2\pi + a}{3} \quad \text{et} \quad \rho \cos \frac{4\pi + a}{3}.$$

Application. *Résoudre l'équation* :

$$x^3 - 3x + 1 = 0.$$

Posons $x = \rho y$; cette équation deviendra :

$$y^3 - \frac{3}{\rho^2} y + \frac{1}{\rho^3} = 0;$$

il faut l'identifier avec l'équation (A), ce qui se fait en écrivant :

$\dfrac{3}{\rho^2} = \dfrac{3}{4}$ et $-\dfrac{\cos a}{4} = \dfrac{1}{\rho^3}$. On en tire $\rho = \pm 2$ et $\cos a = \mp \dfrac{1}{2}$; par

suite : $a = \begin{cases} \dfrac{2}{3}\pi \\[2mm] \dfrac{1}{3}\pi \end{cases}$.

Les arcs racines sont :

$$\begin{cases} \dfrac{2\pi}{9}. & (1) \\[2mm] \dfrac{2\pi}{3} + \dfrac{2\pi}{9} & (2) \\[2mm] \dfrac{4\pi}{2} + \dfrac{2\pi}{9} & (3) \end{cases} \quad \text{ou} \quad \begin{cases} \dfrac{\pi}{9}. & (4) \\[2mm] \dfrac{2\pi}{3} + \dfrac{\pi}{9} & (5) \\[2mm] \dfrac{4\pi}{3} + \dfrac{\pi}{9} & (6) \end{cases}$$

Les cosinus de (1) et (5), de (2) et (4), de (3) et (6) sont égaux et de signes contraires. Les racines de l'équation proposée sont :

$$x_1 = -2\cos\frac{\pi}{9}, \quad x_2 = 2\cos\frac{2\pi}{9}, \quad x_3 = 2\cos\frac{4\pi}{9}$$

ou $\qquad x_1 = -1,87939, \quad x_2 = 1,53209, \quad x_3 = 0,34570.$

76. Cette méthode est encore applicable lorsque l'équatton proposée a *deux racines égales*, de même signe ou de signes contraires.

En effet, nous avons vu que les racines de l'équation (A) sont représentées en grandeur et en signe par les perpendiculaires abaissées des sommets du triangle équilatéral sur le diamètre BB'; deux de ces perpendiculaires peuvent être égales et être situées du même côté de ce diamètre, alors les sommets M et P sont placés symétriquement par rapport à AA'. Dans ce cas $AM = \dfrac{\pi}{3}$ et par suite $a = \pi$.

Les perpendiculaires peuvent aussi être égales et se trouver de part et d'autre de BB'; les racines sont égales et de signes contraires, et les points M et N sont placés symétriquement par rapport au diamètre BB'. Dans ce cas $AM = \dfrac{\pi}{6}$ et $a = \dfrac{\pi}{2}$.

77. Considérons enfin le cas où l'équation du 3e degré $x^3 + px + q = 0$ a *deux racines imaginaires*.

Posons $x = \rho(\alpha \, tg \, a + \alpha_1 \, cot \, a)$, en désignant par α et α_1 les racines cubiques imaginaires de l'unité. En élevant cette relation au cube on obtient :

$$x^3 = \rho^3 [tg^3 a + cot^3 a + 3\alpha\alpha_1 (\alpha \, tg \, a + \alpha_1 \, cot \, a)]$$

ou
$$x^3 - 3\rho^2 \alpha\alpha_1 x - \rho^3 (tg^3 a + cot^3 a) = 0;$$

et comme α et α_1 sont carrés l'un de l'autre, $\alpha\alpha_1 = 1$, cette équation se réduit donc à

$$x^3 - 3\rho^2 x - \rho^3 (tg^3 a + cot^3 a) = 0. \qquad \text{(B)}$$

Ses racines sont :
$$\rho(tg \, a + cot \, a)$$
$$\rho(\alpha \, tg \, a + \alpha_1 \, cot \, a)$$
$$\rho(\alpha_1 \, tg \, a + \alpha \, cot \, a)$$

Identifions l'équation (B) avec la proposée ; il viendra les deux relations : $-3\rho^2 = p$ et $-\rho^3 (tg^3 a + cot^3 a) = q$. De la 1re on tire $\rho = \pm \sqrt{-\dfrac{p}{3}}$; ce qui exige que l'on ait $p < 0$. Si l'on avait $p > 0$, on poserait $x = \rho(\alpha \, tg \, a - \alpha_1 cot \, a)$, et l'on continuerait le calcul de la même manière. La 2e relation donne : $tg^3 a + cot^3 a = -\dfrac{q}{\rho^3}$.

Pour trouver a, employons un angle auxiliaire, en prenant $tg \, \varphi = tg^3 a$; il viendra :

$$tg \, \varphi + cot \, \varphi = -\frac{q}{\rho^3}; \quad \text{on en tire :} \quad q = -\rho^3 (tg \, \varphi + cot \, \varphi)$$

ou
$$q = \frac{-\rho^3 (sin^2 \varphi + cos^2 \varphi)}{cos \, \varphi \, sin \, \varphi} = -\frac{2\rho^3}{sin \, 2\varphi};$$

d'où
$$sin \, 2\varphi = -\frac{2}{q} \left(\sqrt{-\frac{p}{3}} \right)^3.$$

Pour que cette valeur soit admissible, il faut que $sin \, 2\varphi$ soit compris entre -1 et $+1$; il faut donc que l'on ait $\dfrac{4\left(-\dfrac{p}{3}\right)^3}{q^2} < 1$

ou $-\dfrac{4p^3}{27} < q^2$ ou $4p^3 + 27q^2 > 0$, ce qui montre bien que ce mode de résolution n'est applicable que dans le cas de racines imaginaires.

Ayant 2φ on en déduit successivement φ, puis a et $2a$, et enfin x dont les valeurs sont :

$$x_1 = \sqrt{-\frac{p}{3}}(tg \, a + cot \, a).$$

$$x_2 = \sqrt{-\frac{p}{3}}(\alpha \, tg \, a + \alpha_1 \, cot \, a).$$

$$x_3 = \sqrt{-\frac{p}{3}}(\alpha_1 \, tg \, a + \alpha \, cot \, a).$$

Application. *Trouver les racines de l'équation :*

$$x^3 + 3x + 1 = 0$$

Ici l'on a $\qquad p > 0$; posons $x = \rho(\alpha\, tg\, a - \alpha_1\, cot\, a)$,

d'où $\qquad x^3 + 3\rho^2 x + 2\rho^3\, cot\, 2\varphi = 0$, en faisant $tg^3 a = tg\, \varphi$.

On aura donc $\qquad \rho^2 = 1$, $tg\, 2\varphi = 2\rho^3$.

En prenant $\rho = 1$, on en déduit : $2\varphi = 63°26'$, $\varphi = 31°43'$, $a = 40°25'30''$, $2a = 80°51'$,

$$cot\, 2a = 0{,}1612 \quad \text{et} \quad séc\, 2a = 1{,}0129.$$

Donc $x_1 = -2\rho\, cot\, 2a = -0{,}3224$.

$$x_2 = \rho\,(cot\, 2a + \sqrt{-3}\, séc\, 2a) = 0{,}1612 + 1{,}0129\sqrt{-3}.$$

$$x_3 = \rho\,(cot\, 2a - \sqrt{-3}\, séc\, 2a) = 0{,}1612 - 1{,}0129\sqrt{-3}.$$

§ III. — Formule de Moivre. — Équations binômes.

78. Dans une expression imaginaire de la forme $\alpha + \beta\sqrt{-1}$, si l'on pose $\alpha = \rho\, cos\, a$ et $\beta = \rho\, sin\, a$, on aura :

$$\rho\,(cos\, a + sin\, a\sqrt{-1}.$$

Si l'on multiplie cette expression par une autre imaginaire

$$\rho'\,(cos\, b + sin\, b\sqrt{-1},$$

il viendra pour produit

$$\rho\rho'\,[cos\,(a+b) + sin\, a\sqrt{-1}].$$

et, si les deux facteurs deviennent égaux, on a :

$$[\rho\,(cos\, a + sin\, a\sqrt{-1}]^2 = \rho^2\,(cos\, 2a + sin\, 2a\sqrt{-1}).$$

On trouve de même, pour le produit de trois facteurs égaux :

$$[\rho\,(cos\, a + sin\, a\sqrt{-1})]^3 = \rho^3\,(cos\, 3a + sin\, 3a\sqrt{-1}),$$

et, en général, pour le produit de m facteurs égaux :

$$[\rho\,(cos\, a + sin\, a\sqrt{-1})]^m = \rho^m\,(cos\, ma + sin\, ma\sqrt{-1}).$$

C'est la *formule de* Moivre; on démontre en algèbre qu'elle est encore vraie quand m est fractionnaire, positif ou négatif.

79. A l'aide de cette formule, on peut exprimer $sin\, ma$, $cos\, ma$ et $tg\, ma$ en fonction de $cos\, a$ et de $sin\, a$ ou de $tg\, a$.

En effet, ρ étant égal à 1, la formule s'écrit :

$$(cos\, a + sin\, a\sqrt{-1})^m = cos\, ma + sin\, ma\sqrt{-1}.$$

En développant le premier membre par la formule du *binôme* et en égalant le résultat au deuxième membre, c'est-à-dire en écrivant que les parties réelles sont égales, ainsi que les parties imaginaires, on a :

$$\cos ma = \cos^m a - \frac{m(m-1)}{1 \cdot 2} \cos^{m-2} a \sin^2 a + \frac{m(m-1)(m-2)(m-3)}{1 \cdot 2 \cdot 3 \cdot 4} \cos^{m-4} a \sin^4 a \ldots \text{(A)}$$

et
$$\sin ma = m \cos^{m-1} a \sin a - \frac{m(m-1)(m-2)}{1 \cdot 2 \cdot 3} \cos^{m-3} a \sin a + \ldots \text{(B)}$$

En divisant membre à membre les formules (B) et (A) on obtient $tg\ ma$:

$$tg\ ma = \frac{m\ tg\ a - \dfrac{m(m-1)(m-2)}{1 \cdot 2 \cdot 3} tg^3 a + \ldots}{1 - \dfrac{m(m-1)}{1 \cdot 2} tg^2 a + \dfrac{m(m-1)(m-2)(m-3)}{1 \cdot 2 \cdot 3 \cdot 4} tg^4 a - \ldots} \quad \text{(C)}$$

(*On a simplifié en divisant les deux termes de la fraction par* $\cos^m a$.)

Si, dans ces trois formules, m est fractionnaire, ou si l'on change m en $\frac{1}{m}$, on obtient les sin, cos et tg des sous-multiples des arcs.

Par exemple, si l'on veut déterminer $tg\ \frac{a}{4}$ en fonction de $tg\ a$, la formule (C) donne :

$$tg\ 4a = \frac{4\ tg\ a - 4\ tg^3 a}{1 - 6\ tg^2 a + tg^4 a}.$$

En posant $tg\ 4a = b$ et $tg\ a = x$ on a à résoudre :

$$bx^4 + 4x^3 - 6bx^2 - 4x + b = 0 ;$$

équation *réciproque* dont la solution n'offre aucune difficulté.

80. La formule de Moivre offre le moyen de trouver les racines des équations binômes de tous les degrés. Prenons comme premier exemple l'équation binôme du cinquième degré :

$$x^5 - 1 = 0.$$

Posons $x = \cos a + \sin a \sqrt{-1}$, l'équation devient :

$$\cos 5a + \sin 5a \sqrt{-1} = 1,$$

ce qui exige que l'on ait : $\cos 5a = 1$ et $\sin 5a = 0$;

donc
$$5a = 2K\pi ; \quad \text{d'où} \quad a = \frac{2K\pi}{5}.$$

En faisant successivement $K = 0, 1, 2, 3, 4$, il vient :

$$K = 0 \qquad a = 0 \qquad x_1 = 1,$$

$$K = 1 \qquad a = \frac{2\pi}{5} \qquad x_2 = \cos \frac{2\pi}{5} + \sin \frac{2\pi}{5} \sqrt{-1}.$$

$$K = 2 \qquad a = \frac{4\pi}{5} \qquad x_3 = \cos \frac{4\pi}{5} + \sin \frac{4\pi}{5} \sqrt{-1}.$$

De même, *soit à résoudre l'équation* :

$$x^{15} - 1 = 0.$$

Posons $x = \cos a + \sin a \sqrt{-1} = 1$, l'équation devient :

$$\cos 15a + \sin 15a \sqrt{-1} = 1 ;$$

il faut donc que l'on ait : $\cos 15a = 1$ et $\sin 15a = 0$.

Donc $\qquad\qquad 15a = 2\mathrm{K}\pi$; d'où $\quad a = \dfrac{2\mathrm{K}\pi}{15}$.

L'équation est donc résolue par $\quad x = \cos \dfrac{2\mathrm{K}\pi}{15} + \sin \dfrac{2\mathrm{K}\pi}{15} \sqrt{-1}$; dans cette formule, il suffit de donner à K les valeurs 0, 1, 2,..... 14.

81.. On peut faire servir la formule de Moivre à d'autres applications très-remarquables.

Par exemple, les formules (A) et (B) du n° 79 peuvent s'écrire, en mettant dans les seconds membres $\cos^m a$ en facteur commun :

$$\cos ma = \cos^m a \left[1 - \frac{m(m-1)}{1 \cdot 2} tg^2 a + \frac{m(m-1)(m-2)(m-3)}{1 \cdot 2 \cdot 3 \cdot 4} tg^4 a - \ldots \right]$$

et

$$\sin ma = \cos^m a \left[m\, tg\, a - \frac{m(m-1)(m-2)}{1 \cdot 2 \cdot 3} tg^3 a + \frac{m(m-1)(m-2)(m-3)(m-4)}{1 \cdot 2 \cdot 3 \cdot 4 \cdot 5} tg^5 a - \ldots \right]$$

Posons $ma = x$, d'où $m = \dfrac{x}{a}$; ces formules deviennent :

$$\cos x = \cos^m a \left[1 - \frac{x(x-a)}{1 \cdot 2} \cdot \frac{tg^2 a}{a^2} + \frac{x(x-a)(x-2a)(x-3a)}{1 \cdot 2 \cdot 3 \cdot 4} \cdot \frac{tg^4 a}{a^4} - \ldots \right],$$

et

$$\sin x = \cos^m a \left[x \cdot \frac{tg\, a}{a} - \frac{x(x-a)(x-2a)}{1 \cdot 2 \cdot 3} \cdot \frac{tg^3 a}{a^3} + \ldots \right]$$

Si l'on fait tendre a vers o, x restant invariable, à la limite on aura $\dfrac{tg\, a}{a} = 1$ et $\cos^m a = 1$; par suite, il viendra :

$$\cos x = 1 - \frac{x^2}{1 \cdot 2} + \frac{x^4}{1 \cdot 2 \cdot 3 \cdot 4} - \frac{x^6}{1 \cdot 2 \cdot 3 \cdot 4 \cdot 5 \cdot 6} + \ldots \quad (1)$$

et

$$\sin x = x - \frac{x^3}{1 \cdot 2 \cdot 3} + \frac{x^5}{1 \cdot 2 \cdot 3 \cdot 4 \cdot 5} - \frac{x^7}{1 \cdot 2 \cdot 3 \cdot 4 \cdot 5 \cdot 6 \cdot 7} + \ldots \quad (2).$$

Ces séries, que l'on obtient en Algèbre par d'autres méthodes, servent à calculer le sinus et le cosinus d'un arc en fonction de cet arc.

La série (2) étant convergente, on peut négliger les termes au delà du troisième et écrire :

$$x - \sin x = \frac{x^3}{6} - \frac{x^5}{120} ;$$

donc *la différence entre un arc plus petit que 90° et son sinus est moindre que* $\dfrac{1}{6}$ *du cube de l'arc.*

Dans la série (1), faisons $x=\dfrac{\pi}{2}$, le premier membre égalera zéro ; puis remplaçons x^2 par $\dfrac{1}{y}$, d'où $y=\dfrac{1}{\left(\dfrac{\pi}{2}\right)^2}$, et multiplions par y^m, il viendra :

$$y^m - \frac{y^{m-1}}{2} - \frac{y^{m-2}}{24} - \frac{y^{m-3}}{720} + \ldots = 0.$$

Les racines de cette équation sont les multiples impairs de $\dfrac{1}{\left(\dfrac{\pi}{2}\right)^2}$, leur somme égale le coefficient du second terme changé de signe, donc

$$\frac{1}{2} = \frac{1}{\left(\dfrac{\pi}{2}\right)^2} + \frac{1}{\left(\dfrac{3\pi}{2}\right)^2} + \frac{1}{\left(\dfrac{5\pi}{2}\right)^2} + \ldots,$$

ou

$$\frac{\pi^2}{8} = 1 + \frac{1}{3^2} + \frac{1}{5^2} + \frac{1}{7^2} + \frac{1}{9^2} + \ldots \tag{3}$$

Cette série peut servir à calculer π ; il est facile d'en déduire encore d'autres séries plus convergentes ;

Écrivons :

$$\frac{1}{1^2} + \frac{1}{2^2} + \frac{1}{3^2} + \frac{1}{4^2} + \ldots = S,$$

nous aurons :

$$\frac{1}{2^2} + \frac{1}{4^2} + \frac{1}{6^2} + \frac{1}{8^2} + \ldots = \frac{S}{4} ;$$

retranchons la deuxième égalité de la première, il viendra :

$$S - \frac{S}{4} = 1 + \frac{1}{3^2} + \frac{1}{5^2} + \frac{1}{7^2} + \ldots = \frac{\pi^2}{8} \quad \text{et} \quad S = \frac{\pi^2}{6} ;$$

donc

$$\frac{\pi^2}{6} = 1 + \frac{1}{2^2} + \frac{1}{3^2} + \frac{1}{4^2} + \frac{1}{5^2} + \ldots \tag{4}$$

ALPHABET GREC

A	α	Alpha
B	β ϐ	Bêta
Γ	γ	Gamma
Δ	δ	Delta
E	ε	Epsilon
Z	ζ	Dzêta
H	η	Êta
Θ	θ	Thêta
I	ι	Iota
K	κ	Kappa
Λ	λ	Lambda
M	μ	Mu
N	ν	Nu
Ξ	ξ	Xi
O	ο	Omicron
Π	π	Pi
P	ρ	Rho
Σ	σ ς	Sigma
T	τ	Tau
Υ	υ	Upsilon
Φ	φ	Phi
X	χ	Chi
Ψ	ψ	Psi
Ω	ω	Oméga

4224. — .Tours, impr. Mame.

LE

COURS ÉLÉMENTAIRE DE MATHÉMATIQUES

COMPREND LES OUVRAGES SUIVANTS :

Éléments d'Arithmétique.
—   d'Algèbre.
—   de Géométrie.
—   de Trigonométrie.
—   d'Arpentage et de Nivellement.
—   de Géométrie descriptive.

3607. — Tours, impr. Mame.

9 782019 919627